U0046877

小

飲，

Slow Wine

良
露

Slow Wine

小飲，良露

dala food 005

小飲，良露

葡萄酒旅記 Slow Wine

作者：韓良露

插畫：歐陽應霽

編輯：洪雅雯

審校：韓良憶

校對：郭上嘉・莊依婷

美術設計：楊啟巽工作室

企宣：張敏慧・關婷勻

總編輯：黃健和

法律顧問：全理法律事務所董安丹律師

出版：大辣出版股份有限公司

　　　台北市105南京東路四段25號11F

　　　www.dalapub.com

　　　Tel：（02）2718-2698 Fax：（02）2514-8670

　　　service@dalapub.com

發行：大塊文化出版股份有限公司

　　　台北市105南京東路四段25號11F

　　　www.locuspublishing.com

　　　Tel：（02）8712-3898 Fax：（02）8712-3897

　　　讀者服務專線：0800-006689

　　　郵撥帳號：18955675

　　　戶名：大塊文化出版股份有限公司

　　　locus@locuspublishing.com

台灣地區總經銷：大和書報圖書股份有限公司

　　　地址：242新北市新莊區五工五路2號

　　　Tel：（02）8990-2588 Fax：（02）2990-1658

　　　製版：瑞豐實業股份有限公司

　　　初版一刷：2016年5月1日

　　　定價：新台幣380元

版權所有・翻印必究

ISBN 978-986-6634-60-4

Printed in Taiwan

小飲，良露：葡萄酒旅記／韓良露作; --初版.-- 臺北市：大辣出版：大塊文化發行，2016.05 面：15x23公分.-- ISBN 978-986-6634-60-4（平裝）1.葡萄酒 2.品酒 3.文集　463.81407　105005938

Slow Wine

推薦序｜小飲之趣，微醺之樂｜韓良憶

　　因為替《小飲，良露》校對文稿，想起了我與良露共有的一次普羅旺斯小旅行。那年夏天，我和姊姊、還有我們各自的丈夫在巴黎會合，一同前往普羅旺斯一個小村短期居遊。

　　小村位在亞維儂和阿爾之間，村側有座小山，山頂有中世紀古堡廢墟，城堡主體已傾頹，徒留斷瓦殘垣和大半也已崩坍的城牆。我們在古堡的腳底下，租了一間石砌老屋，也租了車子，方便移動。我和先生約柏是頭一回造訪普羅旺斯，姊姊和姊夫卻是舊地重遊，因此每天的行程泰半由我們作主，他們不大表示意見。

　　其實，哪有什麼行程，不過就駕車四處晃悠，今天一路往南，明天朝東，後天向西，訂個大目標，走到哪兒算哪兒，就算沒到達原本打算的目的地亦無妨。總之，一切隨興吧。

　　前提是，途中一定要找個看來順眼的地方，好好吃喝一頓。這時，就很慶幸一行四人都是嘴有點刁、但不挑食的人。這話乍聽矛盾，卻是實情，怎麼說呢？我們都愛吃、肯喝，對飲食有一定的要求，但要求是合理的品質，追尋的是價值而不是價錢。

　　而普羅旺斯真是美酒佳餚之地。白天，日頭炎炎，我們在古老的城垛陰影下、樹蔭底，喝冰鎮得恰到好處、優質但平價粉紅酒或白酒。夜裡起風了，天微涼，那就開一瓶當天才在教皇新堡酒莊裡買的高價紅酒，佐用迷迭香枝燒烤的牛肋排吧。

我們在普羅旺斯的那一星期，日子大抵就是這樣的。在那段期間，我和良露不但是姊妹，也是天天同桌喝酒吃飯、談天說地的好旅伴。

校對書稿時，不時想起那一段好時光，可惜那一回，我沒有向良露請教更多有關葡萄酒的歷史和文化，還好，她把我忘了問她的一些有趣的知識、掌故和她的思索，都寫進這本書中。

我敢以校對者和讀者的身分不客氣地說，這是本並不高高在上、卻不同凡俗的酒書，只因其作者寫的不只是酒，還有酒背後的故事，酒鄉的風土歷史和文化。

小飲之趣、微醺之樂，藏在字裡行間，幸運如我，曾有緣與她分享。

插畫序｜微醺的思念｜歐陽應霽

如果一切可以再來，在那個傍晚，在台北Bravo FM90.3的錄音環節前，剛吃過良露姐刻意張羅來的頂好美景川味担担麵和紅油抄手，滋味尤在舌尖——我會央求錄音後跟她一起去小酌一杯——這是跟良露姐認識這麼多年來一直沒有提出過的要求，也可以說，在她面前我永遠是個好奇同時被動的小朋友，因為好奇竟然有人比我對這大千世界萬事萬物更好奇，而她比我主動千百倍，風風火火的，在一切開始之前，她已然經過。

從上世紀九〇年代初來埗到，有幸認識良露姐。她忙，但多年來一直為我各種出版物寫序、主持新書發布、上她的廣播節目、提供南村落的空間給我舞弄吃喝招待朋友……慷慨瀟灑的，一如某次聚會她穿的一襲紅色連衣裙，闊袍大袖的像個女俠。

在她面前，我是完全沒有資格談吃談喝的，所以更安心更肆意的跟隨她去吃喝，回想起來，這些機會確又太少，想再約，又太遲。

平日其實不常喝酒的我，喝起酒來很容易動感情。能夠在這微醺中，為良露姐提筆塗鴉，若隱若現，既近且遠，寄託一種不會輕易逝去的感激和思念。

小飲，良露

作者序｜我一直在酒途

在過去二十多年的旅行生涯中，法國大概是我去的次數最多的國家，雖然待的時間並非最長，我因在倫敦長住五年，但自從英法海底隧道通程後，從倫敦維多利亞火車站到法國巴黎市中心的北站，成了我每年至少五、六次以上固定出遊的小旅程，回到台灣定居後，也幾乎有十年的時間年年會去歐洲一趟，不管是去義大利、葡萄牙、西班牙、瑞士、奧地利等等，所有的行程都一定還會加上法國，法國永遠是我到達或轉程的目的地。

朋友問為什麼頻頻去法國？為了巴黎嗎？不完全是，雖然總會在巴黎停留幾日，不斷去法國真正的理由是為了酒鄉與酒鄉鄰近的美食之城。

我是個愛酒之徒，不止是好瓶中飲，更愛生產各類酒的家園風土，世界酒鄉之旅一直是我的主題旅行，二十多年下來，也竟然去過了世界上大部分的酒鄉，去的最多的當然是葡萄酒鄉，從義大利、西班牙、葡萄牙到匈牙利、希臘酒鄉，再到出產新世界葡萄酒的美國、智利、阿根廷、澳洲、紐西蘭等各地葡萄酒酒鄉，再加上各種威士忌、萊姆酒、龍舌蘭酒、啤酒等等的酒鄉，屈指一數，我這個非專業從事葡萄酒商務的業餘愛好者，可能去過的葡萄酒鄉還遠遠超過一般專業酒商吧！

其中我去過最多的酒鄉之國就是法國了，在旅行法國幾十次的旅程中，每一次我都會排上一個酒鄉之旅，有的酒鄉會一去再去，如今我的法國旅圖上真是貼滿了紅色的標記，密密麻麻地分布在法國的東南西北各鄉各城，我先生曾問我這算得上是人生成就嗎？我只知道看著那些去過的酒鄉的地名及地圖，我就覺得很快樂，太多美好的回憶會自動湧上心頭，尤其絕大部分的旅程都和我摯愛的丈夫一起出遊，人生有這麼二十多年甜蜜浪漫的旅程相伴相隨，我真的很感恩。

小飲，良露

Contents

02
我喝故我在

Contents

part. 1

跟著葡萄酒
去旅行

Where there is a wine,
there is a way

凡是迷戀葡萄酒的人，
都知道影響葡萄酒最重要就是風土，
沒有去過葡萄酒產區，
只憑藉飲啜裝瓶後的葡萄酒，
是無法完整領略出瓶中葡萄酒的風情的。

布根地酒鄉
微醺之旅

Bourgogne | France

布根地的飲食可能也是法國酒鄉中最優質的，說是第一或許還見仁
見智，但列在前三名一定無人反對，除了酒好、食物好、布根地酒
鄉一帶的人文環境也特優……

布根地是我最早去過，也是這二十年來持續會一遊再遊的酒鄉，不止是因為布根地酒出名，別忘了這裡可是夏布利（Chablis）、夏山蒙哈榭（Chassagne-Montrachet）、梧玖莊園（Clos de Vougeot）、哲維瑞香貝丹（Gevrey-Chambertin）、羅曼尼康堤（Domaine de la Romanée Conti）等等名酒出品的酒鄉，除了好酒外，布根地的飲食可能也是法國酒鄉中最優質的，說是第一或許還見仁見智，但列在前三名一定無人反對，除了酒好、食物好、布根地酒鄉一帶的人文環境也特優，別忘了這裡也曾是中世紀法國貴族文化的核心區域，布根地大公爵統治的領地，這裡曾比巴黎更高貴榮華，幾乎今日被認為是最能代表法蘭西精神的傳統事物，有不少都是來自布根地。

美食城第戎Dijon

布根地因為靠近巴黎，一九八七年我第一次去巴黎時，就發現要去酒鄉玩玩，最方便就是搭乘TGV，一個多小時就可以到達布根地酒鄉的美食城第戎（Dijon），一直到今日，我只要到了巴黎，都會抽上一兩天去第戎及布根地酒鄉走走，吃吃好吃的布根地紅酒牛肉（用的是布根地出名的夏候雷〔Charolais〕牛肉）、紅酒蛋、第戎式芥末醬雞蛋、清燉布列斯雞（Bresse Poultry，布根地生產法國最優質的布列斯雞）、布根地式奶油蒜蓉焗蝸牛，第戎鎮上有不少以鄉土料理聞名的餐廳，像位於市政廳附近，就有好幾家上百年的老字號餐館，都特別擅長傳統菜餚。

第戎是個古鎮，自古以來即以出產優質的芥末醬聞名，「Dijon Mustard」已經成為國際間的品牌保證了，鎮上有不少專賣芥末醬的舖子，走進去一瞧，賣的芥末醬種類上百種，原味的芥末醬外，還有添加各種天然香草、香籽以及莓果的，芥末醬不止適合用來做菜、配菜，也適合當火腿、乳酪的沾醬。

說到火腿與乳酪，第戎鎮中心也在市政廳旁，就有一處從中世紀就開始做生意的露天市集，今日雖然已改建為頂棚，但市集內仍保有露天市集攤家的陳列趣味，市集內可以買到各式各樣的熟食及生食，到了那裡，千萬不要忘了品嘗布根地出名的艾波瓦塞乳酪（Époisses de Bourgogne），這是一款有橘色外皮、氣味強烈，適合和布根地黑皮諾紅酒搭配的乳酪，另一款是我個人很喜歡的法國三大藍紋乳酪之一的布列斯藍紋乳酪（Bleu de Bresse），白色的外皮下包裹著柔軟帶青霉、氣味濃郁的軟質乳酪。

　　市集中也有不少火腿香腸熟肉舖，販售布根地出名的用荷蘭芹調味的火腿肉凍（Jambon persillé）、豬頭肉凍（Fromage de tête）、乾臘腸（Saucisson）、內臟製成的大腸包小腸（Andouillette）以及鄉村肉醬（Pâté），只要配上法國的鄉村麵包，再加上一瓶布根地餐酒，提個籃就可以出外野餐去了。在市集中買夠了鹹食後，別忘了布根地甜食，配酒喝的乳酪泡芙（Gougères）或香料鬆糕（Pain d'épices）以及黑醋栗果釀製的黑醋栗甜酒，可在飯後飲用。

　　探訪第戎古鎮，除了品嘗美酒美外，也不可忘記了一遊此地的人文盛景，布根地王國在十五世紀時曾是法國最重要的王國，昔年風光的歲月，讓布根地居民至今都有一份公爵腳下的光榮意識，第戎又是布根地王國的首府，一直是個富裕之地，當地居民吃好穿好早不只三代了，自然對建築、音樂、美術、戲劇等等人文事物有高人一等的鑑賞力。我曾云旅遊不只要選地理好風景，也要選人文好風景，酒鄉之美就在風土與人文皆美，沒有好山好水，釀不出好酒，沒有人文素養高的農人，也釀不出有內涵的酒。

伯恩酒鎮Beaune

　　遊完了第戎美食古鎮之外，在布根地酒鄉中也不能錯過的酒鎮就是

伯恩酒鎮（Beaune）了，我在一九九一年曾在巴黎住了半年，那段時間中去了伯恩鎮好幾回，伯恩也是中世紀古鎮，比起第戎，伯恩更保留了中世紀古鎮的風韻，鎮上最有特色之處，就是酒商全在自家店家下挖地窖來儲藏酒，如今整個鎮遍布了地下迷宮。

伯恩是布根地最重要的葡萄酒買賣中心，由於這裡位在知名的金丘（Côte d'Or）酒區內，金丘即包含了伯恩丘（Côte de Beaune）與夜之丘（Côte de Nuits）地區，伯恩也以販賣金丘地區的葡萄酒為主。

伯恩最出名的就是每年十一月第三個星期天在伯恩慈善醫院（Hospices de Beaune）舉辦的葡萄酒慈善拍賣會，當天競標賣出的酒將全數用於伯恩的慈善活動，這個賣酒做公益的傳統始於十五世紀中葉，一位專門收稅賦的稅官，大概怕死後下地獄，於是斥資建了伯恩慈善醫院，為伯恩市民提供免費醫療，為了支付醫院開銷，他也捐出了葡萄園，再加上其他善心人士捐出的葡萄園，直到今日，這些葡萄園每年可釀造近三十萬瓶以上的酒，因為是做善事，在此拍賣會上賣出的酒價都比市場高許多，並不是買酒的好地方，但賣酒行善總能吸引許多人。

一九九二年我住在倫敦時，也去湊過熱鬧，由於我們並非葡萄酒大買家，不太容易取得入場邀請券，唯一的方式是向伯恩鎮上的大酒商套點買賣交情向對方索取，大酒商手中一定會有一些公關票，再加上你若是東方人，當地人總有客從遠方來的觀念，就比較容易要到票了。

除了在周日慈善醫院舉辦的拍賣，伯恩鎮在當個周末還會舉辦光榮的三日餐會，餐會中有上百種參加拍賣的葡萄新酒供旅客品嘗，餐會的入場券，也要向當地酒商索取。

伯恩是買賣葡萄酒的地方，真心想了解酒、試酒、買酒的人，一定會覺得伯恩好玩，想看看上百家酒舖齊聚一地的光景，體力若夠，可以一家巡至另一家，每一家都走進陰暗迷幻的地窖中，呼吸著陳年橡木桶的氣息，看著酒瓶上歲月渲染的塵埃，如果有幸選中一瓶上好的布根地酒，飲下有緣時光的精華，或者不停地尋找心中的佳釀，接受不同店主

的款待，試酒試至微醺，方是伯恩酒鎮流連忘返之旅人。

薄酒萊新酒祭典Beaujolais Nouveau

十一月除了有伯恩鎮的葡萄酒慈善拍賣外，還有每年在十一月的第三個星期四舉行的薄酒萊新酒祭典（Beaujolais Nouveau），人類從懂得喝葡萄酒開始，就會舉辦新酒慶賀，選擇的日子是在葡萄秋收後釀出第一批酒的時節，舉辦祭儀來感謝酒神。

布根地酒鄉亦是薄酒萊新酒的產地，雖然薄酒萊新酒因年產量超大、外銷又多，品質亦不穩定，被不少酒客認為是次級酒。我在法國境外的確沒喝過什麼好薄酒萊，卻在布根地被譽為生產薄酒萊酒之王的風車磨坊村莊（Moulin-à-Vent），喝過特佳的深紫色、花香強烈又帶黑巧克力香、再加上黑櫻桃果香濃郁的薄酒萊，我也曾參加過此地每年為新酒祝福的教堂祈福儀式，被祝福過的新酒會在村莊內遶境，像媽祖神靈遶境般，此處新酒成了酒神的金身，飲下新酒即與酒神同在同歡。

我的生日每年都在薄酒萊新酒祭的前後，一直希望年年都能喝到好的薄酒萊，偏偏好喝到不能忘懷、會一再思念的薄酒萊都是在布根地酒鄉與薄酒萊的集散地里昂喝到，怎麼回事？是不是最好的薄酒萊都被懂酒的法國人私藏起來了。

若是到布根地尋訪薄酒萊佳釀，請到列名十大薄酒萊特定村莊（會掛上Cru之名）去，這些村莊都十分靠近里昂（Lyon），除了風車磨坊外，還有摩恭（Morgon）、聖愛慕（St. Amour）、茱麗耶納（Juliénas）、希露博（Chiroubles）、布魯依丘（Côte de Brouilly）等等。

布根地酒不像波爾多酒是以「Château」莊園為名，沒有所謂的酒堡，布根地酒是看「Domaine」領區，重視微氣候的風土（Terroir），像有名的羅曼尼康堤（Romanée-Conti）和梧玖莊園（Clos-Vougeot）等

等，年產量都不到波爾多名酒的百分之一，物以稀為貴，當然會造成布根地酒價偏高的現象。

　　還好我去布根地去得早，從二十年前到最近，真是荷包越來越縮水了，早年還喝得起一些名酒，現在除非遇上請客，只能望名酒興嘆，但因為去多了，也慢慢懂得了布根地當地人的不傳之密，那就是，別以為名酒一定好喝，布根地酒由於地形零散、氣候不佳，單品種釀酒的困難度高（布根地紅酒都用黑皮諾葡萄釀造，白酒用夏多內葡萄），再加上貿易酒商制度的複雜性，如果遇到壞年份，加上製作不嚴謹，會使布根地酒的品質很不穩定，所謂布根地酒迷思就是：在沒打開任何一瓶酒飲用之前，沒有任何人真正知道這瓶酒好不好。

　　因此，有經驗的酒客都知道，花了大錢買名酒真的不見得買到名符其實的酒，失望傷心的例子太多啦！但布根地酒的不可預測，也產生了另一個優點，有的名不見經傳的布根地小酒莊，也可能在某個好年份產出極好的佳釀，像我就喝過幾次驚為天酒的無名好酒，這些酒都常是產量極少的村酒，從不外銷，能夠拿到酒的人大多是葡萄酒的地主之一，像我有個住巴黎十五區的朋友，祖父、父親都是大律師，在布根地鄉下有繼承到的葡萄園，每年都可以分到幾十箱酒，這些酒中偶爾就會出現傑作。

　　喝布根地酒的樂趣就在此，像談新的戀愛一樣，好壞都不可預期，喝波爾多酒就像心知肚明的婚姻生活，好壞都在掌握之中。

　　也有一說，布根地酒的瓶身圓滾滾，就像大部分法國農人的身材，酒性也如法國農人的個性，時好時壞不穩定，而波爾多酒的瓶身修長，和英國紳士的身材較似，酒性也如英國紳士般文明教養，只是少了一點熱情驚喜。

　　因此，建議遊布根地酒鄉時，寧可多去陌生的小酒村玩耍，盼望遇到意外之喜，如果比較布根地和波爾多兩地的風景，我也偏愛布根地多點，因為這裡有不少丘陵，山丘起伏景觀變化大，再加上大多是規模不

大的酒莊，雖不像波爾多古堡那麼氣派，卻更有秀麗玲瓏之美。

　　遊布根地酒鄉，可租車亦可騎自行車，我有兩位朋友曾花了一個月時間在當地騎自行車，其中有一位朋友後來因溺水英年早逝，我每次想到他，就為他慶幸，他人生有過非常美好盡歡的酒鄉一月漫遊。

　　若時間夠多，布根地酒鄉從北到南，有幾個重要的酒區都可一遊，最北的是以夏布利白酒聞名的夏布利（Chablis）＊，夏布利是夏多內白酒，但世界上大部分的夏多內白酒卻不能叫夏布利，我在十多年前在布根地常喝的夏布利，那清冽、豐富、緊實、細緻的礦石香氣，直到今天都留有殘餘的口感、記憶的餘韻，往南走，可到第戎鎮來趟美食遊，之後再往夜之丘，付得起鈔票的可試試出產哲維瑞香貝丹（Gevery-Chambertin）的酒莊，之後到伯恩鎮與伯恩丘，可探訪梅索蒙哈謝（Meursault-Montrachet）和高登查理曼（Corton-Charlemagne）酒莊，再往南行是馬貢區（Mâconnais），名氣雖稍遜，卻可增添發現平價好酒的樂趣，再往南就是「Cru」的薄酒萊村莊，在此拋開高貴酒的概念吧！回復常民酒樂，再往南行，就到了法國真正的美食之都，不是巴黎喔！法國美食之都當然是里昂。

＊　夏布利（Chablis），是極少有的單一葡萄品種「夏多內」（Chardonnay）法定產區
　　（A.O.C.和A.O.P.），只有布根地的夏布利產出的葡萄酒才能使用「Chablis」的名號。相當
　　適合搭配海鮮，和生蠔更是絕配。

難忘的風土滋味──
從里昂到隆河流域的酒鄉

Rhône | France

里昂真正觸動我心深處的不只是這些亮晶晶的星星餐館，而是里昂
市內大街小巷中一些被法國人叫為「Bouchon」的小酒館，隨便走
入一家，都可以吃到道地的里昂鄉土料理，又可以喝到醇美隆河流
域的地酒。

發源於瑞士的隆河（Rhône），從法國北部一路向南方流淌而去，從馬賽港（Marseille）西方的隆河口流入地中海。從兩千年前，羅馬帝國就靠著隆河掌控了今日法國的領土，隆河像一條大動脈血管，從政治、經濟的發展，到文學、藝術的呈現，一直到葡萄酒文化的傳承，都少不了隆河的影響。

綿延兩百公里的隆河，兩岸都是葡萄園，北隆河區域是法國最早種植葡萄的地方之一，從公元前一世紀起，羅馬帝國最重要的貿易通商河道就是隆河，普羅旺斯及隆河北部的葡萄酒在隆河上南北運銷，當時北隆河最頂級的紅葡萄酒產地即今日依然著名的愛米達吉（Hermitage）和羅第丘（Côte Rôtie），這兩種酒不僅享譽本土，還外銷回羅馬，甚至跨過英吉利海峽賣到當時也被羅馬帝國占領的英吉利半島。

北隆河的葡萄酒，在十二、十三世紀之後逐漸沒落，不敵北方的布根地酒，一直等到十四世紀，因教皇克雷芒五世特教廷從羅馬遷到了亞維儂（Avignon），教皇若望二世建了教皇新堡（Chateauneuf-Du-Pape），並在教皇新堡旁廣植葡萄園，促成了教皇新堡名酒的誕生，也帶動了南隆河流域的葡萄酒業發展。

從十五世紀起，南隆河流域中心的里昂（Lyon）取代了佛羅倫斯（Firenze），成為歐洲重要的絲綢集散地，富裕的絲綢商人的群居，造成了里昂成為法國最重要的美食與美酒聚落，全法國公認的美食之都一直都不在巴黎，而在里昂。

吃在里昂，美食之都

我第一次到里昂，是在一九八七年，當時我正沉浸在巴黎的美好生活之中，只利用了一個周末的時間去里昂走走，在不到三天的城市漫遊中，卻讓我愛上了里昂。當然里昂的生活在人文藝術的多樣性上沒有巴黎那麼豐富，但我卻發現在里昂街頭要找到好吃的餐館比巴黎容易多

了，里昂是一座還未被外國觀光客大量入侵的城市，餐館裡的客人大多是本地人或法國各地來的人，法國風味而非外國觀光客風味仍是里昂餐館的本質。

法國餐飲界有一種說法，說全法國最挑嘴的客人就在里昂，也因此造就了里昂飲食的水準，在里昂郊外有一條星星大道，就是全法國米其林星級餐館最集中的一條大道，各方的法國名廚都在此大顯身手，當然其中執牛耳的就是被喻為法國國寶大廚的保羅‧保居斯（Paul Bocuse），當年他的餐廳訂位還不像今日這麼緊張，在朋友招待下，我第一次品嘗到什麼是三星*的法式新派料理，真是開了眼界。

但里昂真正觸動我心深處的不只是這些亮晶晶的星星餐館，而是里昂市內大街小巷中的一些被法國人叫為「Bouchon」的小酒館，隨便走入一家，都可以吃到道地的里昂鄉土料理，又可以喝到醇美的隆河流域的地酒，最不可思議的是，結算一餐費用時，價格又超便宜，難怪里昂被許多法國人選為最物超所值的美食城市。

一九九一年我到巴黎Long Stay，也同時到里昂Short Stay，在市中心共和大道旁的巷弄訂下了三周的旅館公寓，重點就是要好好吃遍里昂的鄉土菜和星星菜，另外也可以探訪隆河流域的葡萄酒鄉。

隆河流域的葡萄酒鄉

當時美國律師羅勃‧帕克（Robert M. Parker Jr.）的影響力還不像今日這麼驚人，雖然他已經發現了隆河流域的酒、自然成熟的獨特風味，但愛米達吉、羅第丘的葡萄酒都還未被炒高到喝了會心痛的價格，再加上英國人彼得‧梅爾（Peter Mayle）還沒出版《山居歲月》（A Year in Provence）一書，教皇新堡（Châteauneuf-du-Pape）的酒尚未成為到隆河流域及普羅旺斯旅行者的聖酒，當好酒都不會太有名時，真是喝好酒的美好時代。

教皇新堡的酒命名來自教皇新堡鎮，這是一座依丘陵而建的石頭小鎮，高高低低的石頭路與石頭屋，讓小鎮看來十分古樸，即使到觀光業過分盛行的今日（我在前幾年前的夏天重回教皇新堡），在偏僻的石頭巷道中，都還覺得小鎮很清幽，更別說在二十年前第一次踏上教皇新堡時，真想在那片寧靜優美的葡萄園旁的古鎮待下來，過起安詳幽美的生活。

　　古鎮上有一座荒廢已數百年的教皇新堡，廢墟的存在讓小鎮充滿了歷史的嘆息，小鎮周圍的丘陵地上布滿了茂盛的葡萄園，由於這個區域的土質由曾受冰河侵蝕的石塊所形成，各處的土壤變化很大，因此本區域可種植高達十三種的葡萄品種，從較常見的希哈（Syrah）、格那希（Grenache）到少見的黑鐵烈（Terret Noir）和布布蘭克（Bourboulenc）。

　　在教皇新堡和葡萄園旁散步，會發現陽光下的葡萄園會閃閃發光，什麼原因呢？原來這裡的葡萄園中滿布白色的鵝卵石，像一片白色的沙灘，這些石頭白天會吸收烈陽，晚上釋出的熱能深入了葡萄樹的根部，也因此，教皇新堡區的葡萄以生命力特強聞名，這樣的酒當然不適合溫馴的食物，而隆河流域的食物也以味道濃厚出名，像里昂出名的大紅腸（Saucisson lyonnas）和乾香腸（Rosette），都是重鹹油厚的臘腸，單獨吃會覺得口味太重，配上教皇新堡的紅酒卻天造地設……唉！寫著寫著，我現在的嘴裡已經充滿了那種深沉的滋味，只可惜家中酒櫃雖有教皇新堡的酒，卻沒有里昂道地的臘腸。

　　隆河流域的酒常常讓人一喝難忘，我第一次喝到羅第丘的酒時，就深深記住了這款酒神祕的煙燻味和飄忽的莓果香，是什麼原因造成這樣的味道呢？羅第丘（Côte Rôtie）的法文意思是灼烤的山丘，可見此地陽光的炙烈，這裡的葡萄長年受烈陽曝曬，會釀出顏色如烘烤過的暗黑近紫的紅酒，口味豐潤、層次豐富、口感柔和，被喻為最布根地的隆河酒，具有越陳越精緻的潛力，酒種以希哈葡萄為主，少數會加維歐涅

（Viognier）品種葡萄，因此會喝到紫羅蘭與杏桃的果香。

羅第丘位於北隆河，山丘高聳、風景壯麗，尤其以安琶酒莊（Ampuis）一帶景色最迷人，延著山陵不斷上延的陡坡上種植的葡萄莊園，俯覽著迤邐的隆河，山水皆美，配上美麗的石頭酒莊建築，讓人流連忘返，心中直念法國人真幸福，有此美景美鄉美酒，此生已矣，下輩子也許可以考慮出生在羅第丘的酒鄉。

羅第丘的酒口味雖濃郁，口感卻柔和，適合搭配隆河流域較精緻的美食，例如用河魚狗魚魚漿製成的狗魚魚丸（Quenelles de brochet），這款料理的魚丸口感和杭洲魚丸有些相像，只不過隆河魚丸的醬汁是用大河蝦和隆河紅酒熬成的，而杭州魚丸則用雞湯燴，杭州和里昂一樣是絲綢之都，兩地的魚丸或有關聯。

我很喜歡里昂的一道名菜叫豬雜香腸（Andouillette AAAAA），後面加的五個A亦是菜名，指的是得到豬雜香腸協會地道認證之意，所謂的豬雜即中國人說的下水之意，在清洗下水的過程中，要洗得剛剛好，要洗乾淨卻又不能把下水的味道全洗掉，這種臭得剛剛好的內臟只有像中、法這類老民族才懂得，我每次告知老法我對豬雜香腸的癡迷，他們都會覺得我前世可能當過法國人，才懂得此番真味。

我認為最配豬雜香腸的酒，非屬隆河流域的愛米達吉紅酒了，愛米達吉酒鄉位於克羅茲-愛米達吉（Crozes-Hermitage）和聖喬瑟夫（Saint-Joseph）之間的隆河流域的山坡之間，這裡的山坡很陡峭，土壤布滿花崗岩的露石，向南的山坡陽光飽滿，這裡以栽種希哈葡萄為主，釀酒時有混合希哈和單一希哈兩種方式。

希哈葡萄品種很古老，希臘人從波斯帝國學會喝葡萄酒，喝的就是希哈葡萄釀的酒，今日伊朗還有個古城就叫席拉（Shiraz），希哈葡萄單寧含量高，富有覆盆子、黑醋栗果香與黑胡椒，煙燻的辛香與燻香，年輕的希哈酒飲來太酸澀，但擺放十年後卻可轉化成濃郁多層次的強勁酒香。

用陳年的愛米達吉紅酒搭配風味老熟的豬雜香腸是人間一歡，是會讓人上癮的享受。

愛米達吉位於隆河東岸，山丘上滿布花崗岩，被喻為希哈葡萄酒之鄉，後來在新世界（如澳洲、美洲）廣植的希哈葡萄都曾向愛米達吉取經，愛米達吉紅酒是有個性的酒，喜歡的人（如我）就很喜歡，但也有人會覺得太濃烈，吃傳統料理及野味很適合，但若配清淡的新派料理就不太合適。

難忘的風土滋味

標準的里昂菜，就承繼了十五世紀以來的傳統口味，「吃在里昂」是法國人常掛在口頭的一句話，雖然里昂近郊的米其林星級餐館甚多，但我真正入迷的卻是里昂市內的小館，在市政廳廣場旁的諸多小巷中有許多美味的家庭小館，都以隆河鄉土料理著名，里昂菜是典型慢食，菜餚還保持手工慢火慢煮慢燉的傳統，吃的人也是慢慢吃，一頓午餐吃三小時，晚餐吃四小時是常事，我曾多次在里昂從中午十二點半起吃到三點半，食物一輪一輪上桌，先是有名的里昂冷盤前菜，醃牛肚、醃牛腸、醃牛腱、醃豌豆，不控制餐量的人，前菜就吃飽了，接下來有各種里昂名菜，里昂沙拉、里昂洋蔥湯、白斑狗魚魚丸、里昂燉內臟白香腸、白汁小牛肉、里昂式燉雞、里昂燉菜、水手鰻魚湯、里昂百老匯魚湯等等。

吃里昂菜，可配隆河的名酒，也可配較不知名的隆河酒，地酒配地食，遠勝過名酒配不搭的食物，里昂菜特配在全世界聞名，但品質惹人疑竇的薄酒萊新酒（Beaujolais），多年飲用薄酒萊的我，很遺憾的發現，離開了里昂及隆河流域，就不容易喝到驚為天人的薄酒萊，為什麼呢？照里昂人的說法是，全法國全世界最懂薄酒萊的人就是里昂的大小餐館老闆，他們挑剩的當然就沒有最佳的了。

我非常懷念我在里昂多年來前前後後偶遇的薄酒萊，都不是裝在瓶中的酒，而是餐館老闆自己存酒的橡木桶內，這些顏色黑紫，充滿嘉美（Gamay）果香，口感醇美的薄酒萊，洋溢著新酒的朝氣和生命力，一盅又一盅的薄酒萊配上充滿土地風味的里昂鄉土菜，怪不得人稱里昂為美食天堂。

　　我若再有機會在法國長居，就想住在里昂，白天去藍帶學院精進廚藝，晚上到各家餐館從事美食田野調查，我一直相信，最美好的食物滋味，來自風土的傳統、人民與生活，從里昂到隆河流域的酒鄉，就是這麼一片充滿難忘風土滋味的好地方。

＊ 三星：《米其林紅色指南》（Michelin Guide）是一本根據不同舒適程度與價位為讀者選擇並推薦出最好的餐廳和旅館的指南。從1933年米其林對一星、二星和三星做出明確定義後，評選的標準就再沒有改變過。三顆星代表「出類拔萃的菜餚，值得專程到訪」；兩顆星代表「傑出美食，值得繞道前往」；一顆星表示「同類別中出眾的餐廳」。

羅亞爾河流域的
甜美之鄉

Loire | France

羅亞爾河流域的酒莊，在過去幾百年來可說一直是在天子腳下過活的人，生活比別的省區的人富裕些，所釀之白酒柔順口感、細緻香氣、優雅果味都很令人著迷……

最近我在台北亞都麗緻飯店連辦了八場的法國美酒美食的旅行，選出每個地區的鄉土料理，規畫成前菜、主菜、甜點，再選出當區的一支酒來搭配食物，用午間兩小時的聚餐，一邊品嘗食物、一邊聽我講解法國各區的人文風土與酒食風味。

除了出生地和居住了五年的倫敦外，法國是我在這世界上最有地緣的國家，這過去二十五年間，我起碼進出法國五十次以上，尤其是住在英國時，只要坐上穿越海底隧道的火車，一年去法國五、六次都在所難免，在我倫敦的書房牆壁上有張法國地圖，上面密密麻麻地用紅點標示出我在法國行旅的大小城鎮，我以巴黎為同心圓，不斷地向外擴散至法國的不同行省，久而久之，足跡就踏遍了各省，但有的省去的城鎮較少，也許四、五個大城小鎮，但有的地區卻玩得很密集，例如羅亞爾河（Loire）流域，就是其中之一。

為什麼會經常去羅亞爾河流域旅行，原因很明顯，一是這裡離巴黎近，從巴黎出發的小旅行兩、三天都可，若有時間玩上七、八天就更盡興了，二是羅亞爾河流域的風光極美，這裡從十三至十六世紀的亨利國王到路易王朝期間蓋了不少壯麗宏偉的大城堡，像有名的雪儂梭堡（Château de Chenonceau）等等，第三，也是最重要的一點，羅亞爾河流域的美食和美酒都十分迷人，令人流連忘返。

這回我在亞都麗緻的餐酒會上選了一支羅亞爾河流域的白酒，一些不熟悉這個地區酒風的賓客都大為讚賞，對酒的柔順口感、細緻香氣、優雅果味都很著迷，並表示為什麼平日較少聽見羅亞爾河流域的酒名，其實這道裡很簡單，羅亞爾河流域的酒莊，在過去幾百年來可說一直是在天子腳下過活的人，生活比別的省區的人富裕些，眼界也不免高些，整個地區的酒莊光靠同區及巴黎殷實人家的消費就已有了基本量，自然平常就不積極做買賣的生意，也不擅長大吹大擂的推銷工作，我在各地參加法國酒商辦的活動時，也較少遇到來自羅亞爾河流域的酒商。

因此羅亞爾河流域的酒被忽略也成了很自然的事了，再加上法國西

南酒區的興起，很多人當然會想花較少的錢去買西南的酒，但在我的經驗中，有的羅亞爾河流域酒莊釀出的白酒的確太稀薄，還不如西南酒區的白酒，但最好的西南酒區的白酒卻還是比不上最好的羅亞爾河流域的白酒，為什麼？一是氣候，西南區還是太熱了，離開白酒帶略遠，好的白酒要有微寒的天氣才能催化出那份細微；二是民情，羅亞爾河酒區的人文傳統就深厚，這裡的人對食物和酒的口味都較優雅，這種底蘊不是一時可累積的；三是葡萄品種，羅亞爾河谷地區的原生葡萄品種白梢楠（Chenin Blanc）的特殊風味，亦是吸引忠心酒客的原因之一。

世界上最懂得奶油料理的地方

談到葡萄品種，白梢楠並非羅亞爾河最主要的白酒栽種品種，最多的反而是布根地引入帶有香瓜味的密斯卡德葡萄（Muscadelle），這是羅亞爾河流域栽種最廣、外銷最多的白酒，但並非我的所愛，對我而言密斯卡德白酒味道太單薄，另兩款葡萄是從波爾多引入的卡本內弗朗（Cabernet Franc）與白蘇維濃（Sauvignon Blanc）葡萄，卡本內弗朗主要是用來生產紅葡萄酒，而白蘇維濃則在十九世紀後成為羅亞爾河流域一帶優勢的栽種葡萄，像著名的松賽爾（Sancerre）、普依芙美（Pouilly-Fumé）就以栽種白蘇維濃葡萄為主，可以釀造出有獨特香草芳香、口感清爽但口味深邃的白酒，至於白梢楠葡萄品種，最有名的產區是被譽為白梢楠葡萄之鄉的梧雷（Vouvray），梧雷酒鄉的白酒早期品質並不穩定，還好在一九九○年代之後，幾家優質酒莊的努力，大大提高了梧雷白酒的水準，這裡的微甜白酒與不甜白酒可充分表現出白梢楠葡萄的陳年耐力，遇到儲存了五年的優質白梢楠白酒，豐厚的果酸氣息用來搭配本地的各色奶油料裡特別對味。

羅亞爾河流域食物，可說是世界上最懂得把奶油料理處理得清爽怡人的地方，像諾曼第料理也是以奶油聞名，但冬天吃還好，夏天吃就太

沉重了，諾曼第地區由於不生產葡萄酒，蘋果酒搭配蕎麥餅或糕點也可，但用來配正餐主菜卻不夠份量，因此傳統上諾曼第料理會選用羅亞爾河的白酒，但有時配上諾曼第的內臟料理時，羅亞爾河白酒也會使不上勁，但用羅亞爾河流域白酒搭配羅亞爾河流域料理卻十分巧妙。

說到羅亞爾河流域的食物，這裡的鄉土料理和一般人心中拙樸土性的傳統菜餚的印象不太相同，也許因為皇家文化的浸淫太深太久，這裡的鄉土不是庶民老百姓的風土，反而帶了些優雅的皇民風俗，我在法國各地旅行時，想吃細緻的食物都得上米其林或有名的老館子，但在羅亞爾河流域時，有好多次信步走進小老百姓開的小館，約只供十幾人吃餐，都吃過把常見的法國醬蕪菁沙拉做得十分雅緻的地方，令人不得不佩服這一帶常民的巧手慧心。

羅亞爾河是法國最長的河流，從東而西到了大西洋出海，形成了這一地區既有新鮮的河鮮亦有豐富的海鮮，不管是河川中的梭子魚、鱒魚、鯉魚、鱸魚，到大西洋鮭魚、龍蝦、干貝、鰈魚、鯡魚、淡菜，都成了本地常見的食材，再加上這裡的豬、雞、雞蛋和野禽品質很高，還有在這一片被喻為法國甜美之鄉的豐沃土地上盛產的各種蔬菜、菌菇與水果，再加上各式的牛羊乳酪與葡萄酒，也有人說羅亞爾河流域是大廚的倉房，各式各樣的食材都可以在羅亞爾河流域找到而不假外求。

因為食材精美，羅亞爾河流域的美食以清淡著名，幾乎只要用上好的奶油、鹽，偶爾加一些檸檬、香草、白酒，就可以做出很細膩美味的食物，像本區有名的水手淡菜和白奶油醬汁鮭魚，但不要小看這兩款菜看似簡單，但越簡單的食物火候越要注意，誰不知道蒸蟹的原理不過是用熱水蒸氣把蟹蒸熟，但真正蒸得好的人有幾位，同理，煮淡菜從淡菜的挑選、處理到水煮，我在羅亞爾河流域吃到的淡菜就是比別的地方細緻鮮嫩純淨，連有名的比利時淡菜只能比大碗，根本不能比風味。

羅亞爾河流域的人也很會用奶油與鮮奶油，吃來絕不膩口，即是在夏日都覺得很清爽，這當然也和火候有關，我曾請教一位羅亞爾河流域

的廚師，他告訴我做羅亞爾河流域菜餚的祕訣在絕不用大火做菜，就像湯不可冒泡，奶油也絕不可冒煙，這個道理我一聽就懂了，好的中國菜也一樣，大火滾湯、大火煨菜絕沒有細味。

法國精緻農業的糧倉

由於深受皇家飲膳的影響，羅亞爾河流域的鄉土料理也特別愛做酥皮派料理，這可是練手藝的，但民間的糕點舖為了滿足當地人愛吃精巧食物的習性，都擅長做多種酥盒（Vol-au-vent），裡面的餡也很精細，有干貝、梭子魚的海鮮盒；松露、菌菇、磨菇、雞蛋的蛋菇酥盒；小牛胰臟、豬肉醬等等的肉酥盒，拿這些酥盒來配白酒，是夏日常見的輕食。

羅亞爾河流域一帶不少地方都以做肉醬聞名，和一般法國地區各處也有的鄉村肉醬（Pâté）不同在於，這裡的肉醬做得比較細膩，會用像豬肉、豬腰、加辛香料製成柔滑的肉醬，配上珍珠洋蔥、酸黃瓜等一起當沙拉前菜吃。由於河川漫長，這裡也擅長烹調活魚料理，用的都是當地河流中現捕的各式河魚，有許多是中國人也常見的梭子魚、鯉魚、鱸魚等等，當地人喜歡把河魚和醃豬肉同烹，道理和中國人蒸魚時放火腿肉一般，當地人會在梭子魚、鯉魚腹內鑲肉或蘑菇（廣東人不也在土鯪魚腹內鑲肉嗎？），鱸魚會抹上布列塔尼的粗鹽烤（中國人不也這麼吃？）。

羅亞爾河流域一帶，至今仍有廣大的森林，因此野禽、水禽豐美，秋天一到，現獵的雉雞、松雞、鵪鶉、野鴨是當地人著迷的野味，這些野味多半以白酒、青蔥、荷蘭芹、葡萄與白蘭地酒等同煮，是著名的酒煮料理。另外還有聞名全法的皇家野兔料理，以鵝肝、紅酒、蒜頭、紅蔥頭燴製野兔，野兔據說對氣喘肺疾的病人有益，秋天吃野兔治秋疾也是法國式的醫食同源。

羅亞爾河流域一帶，是法國精緻農業的糧倉，朝鮮薊、蘑菇、馬鈴薯、胡蘿蔔、花椰菜、香草植物等等的品質都很高，再加上可製成甜點的梨子、杏仁、蘋果、草莓、黑醋栗、覆盆子莓、黑莓、小紅莓等等，使得羅亞爾河流域一帶的甜點如梨子派、蘋果派、南特蛋塔、果莓千層派等等都很可口且悅目，羅亞爾河流域的擺盤，不管是甜點、前菜、主菜都以優雅細緻著名。

到羅亞爾河流域旅行，可以搭火車也可以自己開車，從巴黎出發，不到兩小時，就可以到達好幾個優美的村鎮，例如：布羅瓦（Blois）、安布瓦（Ambois，近雪儂梭堡）、安茹（Anjou）、奧爾良（Orléans）等處，這些都是風景優美、人文薈萃之處，是美麗、溫柔、輕巧、細緻的法國，像畫家雷諾瓦、莫內筆下的法國仕女，和南方較野性（受義大利及北非的影響）的法國不同，大城圖爾（Tours）和南特（Nantes）除非為了洽商，純旅行倒不是非去不可，因為城大，老街區可觀，新城區卻有點無聊，對酒莊有興趣者，可拜訪松賽爾（Sancerre）、普依芙美（Pouilly-Fumé）、梧雷（Vouvray）等處，城堡絕不能不看，尤其是被喻為世界上最美的城堡——雪儂梭堡（Château de Chenonceau），可是花了好幾任國王的皇后與情婦半生歲月風華的心血所築。

真想在法國
西南酒鄉Long Stay

Perigord | France

如果這一生還有機會在法國小住個一兩年，我會選的定居之地不是普羅旺斯，而是西南地區的土魯斯或佩里戈爾，偶爾去一些小村莊住住，充分享受當地的美食、美酒、美景與悠閒緩慢的生活和溫暖的人情。

過去十年，法國西南地區的葡萄酒，因羅勃‧帕克給予高度讚譽而受到酒界重視，被視為異軍突起或明日之酒。其實法國西南地區，不管是美食或美酒，本來就是法國的Best secret，很多內行人早就視這一帶的飲食藝術與生活文化為珍寶，但因為長期西南地區處於法國的邊陲，當地文化又較封閉，較不積極做觀光生意，反而使得西南地區至今仍得天獨厚享有鄉村生活的寧靜和淡泊。

我之所以會較早接觸到法國西南地區，是因為一九九○年代初期我定居在英國倫敦的貝斯華特，離有名的曾拍過電影的諾丁罕山丘（Notting Hill，電影是茱莉亞羅勃特和休葛蘭主演的《新娘百分百》），諾丁罕山丘裡有個十分有名的周末波特貝羅舊貨市場（Portobello Market），我每周末一定會去那報到，不只為看或買些小雜貨，還因為那裡有家全世界聞名，被視為倫敦美食麥加的廚師書店（Books for Cooks），廚師書店除了賣書和賣午間套餐（每一天賣的套餐都是不同的異國料理，譬如黎巴嫩菜到肯亞菜等等），一年之中還會舉辦四次特別的美食美酒旅行團，當時廚師書店推出的旅行團地點就是法國西南地區的佩里戈爾（Périgord）。

在去倫敦定居前，其實我早就在法國住過半年，自以為去過法國不少地方，卻沒去過佩里戈爾，雖然知道這裡以黑松露和鵝肝、鴨胗出名，由於廚師書店的旅行團強調以美食美酒為主，還安排了採松露（因此要在旅遊淡季的冬天出發），並且安排了西南的酒鄉之旅，當時的我已去過了波爾多和布根地酒鄉，卻不熟悉西南地區的貝傑哈克（Bergerac）和卡歐（Cahors）酒鄉，而廚師書店的旅行資料上卻大力推薦這兩個酒鄉是極有潛力的葡萄酒產區。

於是，在十七年前，早在法國西南酒還不像今日這麼赫赫有名前，我就因廚師書店專業的推薦，而拜訪了多次旅遊後直到今天仍然十分迷戀的地方，我心裡一直有個願望，如果這一生還有機會在法國小住個一兩年，我會選的定居之地絕非如今觀光化又貴得離譜的普羅旺斯，

而是西南地區，或許我會選擇主要住在土魯斯（Toulouse）或佩里戈爾（Périgord）一陣子，但偶爾去一些小村莊住住，可以充分享受西南地區的美食、美酒、美景與悠閒緩慢的生活和溫暖的人情。

貝傑哈克Bergerac

　　法國西南地區的酒鄉，最北的酒區貝傑哈克，早在羅馬帝國就已經種葡萄釀酒了，這裡和波爾多酒鄉只和多爾多涅河（Dordogne River）一水之隔，如果不是波爾多酒區早期是英國的殖民地，而西南地區當時的歷史一直不太平靜，才使得貝傑哈克沒被併入波爾多，但貝傑哈克酒鄉的風土和種植的葡萄品種和波爾多一樣，都有梅洛（Merlot）和榭密雍（Sémillon），但因未受英酒商管理過，在釀造的技術和品質上雖然和波爾多不完全相同，但風味卻類似，此點的影響最直接的就是貝傑哈克的酒，因為不是波爾多酒，自然便宜許多，也因此，在歷史上波爾多酒商一直有打壓貝傑哈克酒（像不准這裡的酒賣到英國去），為什麼？你想想，如果有個地方出品的酒和你的酒有相似風味但便宜很多，怕不怕？

　　波爾多酒鄉固然生產許多世界知名的頂級酒，但也不乏品質馬虎、價格卻比貝傑哈克的好酒高出許多的現象，我第一次去到西南地區，就在佩里戈爾的餐廳，吃著名的鴨胗、鴨肉料理時喝到了滋味甚好卻很便宜的貝傑哈克酒。

　　過去幾年，貝傑哈克酒引進了更多的資金和更好的管理，加上原本就存在的謹慎與細心釀酒技術，使得貝傑哈克酒的地位大大提高，當然酒的價格也水漲船高，但仍被資深酒客當成覓寶之地，畢竟這裡找好酒才有驚喜，如今在波爾多不灑大把銀子是買不到好酒的，這幾年因貝傑哈克的酒名好評在外，波爾多酒商就醞釀想把這個酒區併入波爾多……千萬不要，我不想看到太多商業的炒作影響了酒農的傳統文化。

佩里戈爾Périgord

　　貝傑哈克離佩里戈爾很近，佩里戈爾素有法國美食麥加之名，以出產法國最好的黑松露聞名（普羅旺斯的黑松露評價不如此地），此外此地也以鵝肝食品出名，除鵝肝、鴨肝外，還有鴨胗、燻鴨胸肉、油封鴨等等出名，除此之外，這裡出產品質很好的胡桃和胡桃油，像佩里戈爾沙拉就會以胡桃油取代橄欖油。這裡還有全法國最有名的洛克福藍紋乳酪（Roquefort），這是我最上癮的重味乳酪，佩里戈爾沙拉的調味醬就是用胡桃油加洛克福藍紋乳酪混和打出來的醬汁。

　　佩里戈爾的古城中心仍保留了中古世紀的風情，石板街道、石砌的城堡、石塊的屋宇，都是土黃色的色調，在陽光照射下就變得金光閃閃很亮麗，佩里戈爾至少要待上個兩三天，悠悠閒閒地逛小市場，遇上對的節令可以買新鮮的無花果或附近阿讓（Agen）小鎮有名的黑李，逛逛酒舖、熟食舖，再挑選幾家好餐館盡情享用西南鄉土菜。

卡歐Cahors

　　西南地區還有個出名的酒鄉卡歐，也在過去幾年風頭漸盛，早年卡歐只用梅貝克（Malbec）的葡萄，釀出的紅酒顏色紫黑，故有黑酒之名，果香味很濃郁，目前卡歐酒除了梅貝克葡萄外，還會加入塔那（Tannat）、小蒙仙（Petit Manseng）、大蒙仙（Gros Manseng）等等，這些葡萄品種都不是市場主流，因此反而造成西南酒的獨特風味，這裡的酒質濃烈、單寧厚，特別適合本地濃厚的鄉土料理，又是一個地酒配地方料理的明證，我也曾拿卡歐的酒來配中國較濃味的川菜，如香酥鴨就十分對味。

　　卡歐的酒價格合理，我有個愛酒朋友，到卡歐旅行時，愛上這裡的酒，還託貿易商為他進口了兩百四十瓶的酒回台北。

除了紅葡萄酒外，法國西南地區還生產一種被喻為窮人的索甸（Sauternes）的貴腐菌甜白酒，產地在蒙芭利亞克（Monbazillac），從名字就可看出，酒鄉位於山丘（Mont）上，所以在秋末才會有適合貴腐菌生長的濃霧，從一九九三年起，此酒區也採用了波爾多酒鄉的索甸酒用手工採摘葡萄的作法，也大大地提高了本地甜白酒的水準，因為索甸酒的昂貴，也使得蒙芭利亞克的貴腐甜白酒很有競爭力，畢竟，在平常的日子裡，吃完一頓舒適的晚餐，想來點配甜點或水果的餐後酒時，太隆重太貴的索甸喝了有負擔，當然會選家常的甜白酒囉。

玫瑰之城土魯斯Toulouse

到法國西南地區旅行，自然也不能錯過此地最出名的大城土魯斯，在行政區上土魯斯屬於蘭格克多（Languedoc），自古在梵蒂岡正統教派心目中是有些化外之地的，這裡還保留了一些羅馬帝國時期的語言（如歐克語）和早期原始基督教和異教的萬物有靈的靈性信仰，也因此在中世紀時屢受教廷的打擊。

土魯斯被喻為玫瑰色的城市，因為這裡的建築大多用玫瑰色的磚料建成，在日落黃昏、彩霞滿天時，整個城散發著粉紅的光暈，真的很美，我很喜歡土魯斯這種中型的城市尺寸，從市中心廣場走去哪都近，去河邊散步、去大市場吃東西、去中世紀的聖賽寧教堂（Saint-Sernin）走走，都只要走個十幾二十分鐘，真是個徒步好城，此地曾入選為法國最宜居之城，在此生活壓力小，晚上在市中心的市政廣場上喝夜酒時，還會看到當地的老先生老太太穿戴整齊手牽著手散步聊天，年輕的媽媽、爸爸推著嬰兒車走過月光滿溢的石板後街，這些情景在大城如巴黎難以見到。

土魯斯是西南鄉土料理的重鎮，有名的扁豆什錦燉肉（Cassoulet de Toulouse）就掛上了土魯斯之名，這道菜歷史悠久，可溯源自羅馬帝國

時期，混合了豬、羊、鴨、鵝和土魯斯香腸及扁豆一起慢火燉煨，厚味香濃，很適合搭配卡歐的紅酒，此外，土魯斯還以燜鵝肉凍、鴨肝、鴨油、鴨肉料理著名，土魯斯城裡有好幾家專賣傳統料理的餐館，味道、價錢都很合宜，我個人最喜歡的美味處是市中心的大市場，從清晨六點不到就開業了，先從喝咖啡吃甜餅開始，再一攤一攤逛熟食舖、麵包舖、水果舖、糕點舖，市場充滿活力，當下我就覺得這裡人比巴黎人幸福，自從巴黎中央市場搬走後，巴黎的美味生活就大打折扣了，我真想在土魯斯市場旁租個小公寓過過吃飯、看書、聽音樂、散步、喝酒的好日子⋯⋯真想再返回法國西南酒鄉！

回憶波爾多酒鄉的
甜美生活

Bordeaux | France

波爾多人最喜歡住的地方就在南邊不遠的聖愛美濃，這座中世紀的
古城，以金黃色的石灰岩石建築出名，這座小城還保留了小村小鎮
的風味，是波爾多人認為最美的酒鄉。

雖然波爾多是世界聞名的法國西南地方的葡萄酒鄉，但我第一次去波爾多尋訪的並非葡萄酒，而是法國小說家弗朗索瓦‧莫里亞克（François Mauriac），這位擅長描繪人性黑暗面的作家，我從念中學時讀了《愛之荒漠》這本小說，就一直想拜訪書中人物生活的場景波爾多，想了解關於那裡陰暗的深宅大院，保守而偽善的傳統，理性而壓抑的市民。

第一次到法國是三十年前的事了，除了巴黎外，波爾多當時成了我最想去的地方，我帶著莫里亞克的小說坐上了火車前往波爾多，在市中心近僧侶市場（Marché des capucins）旁的旅館安頓下來後，立即出去認識這座城市，在街上四處走動時果然證驗了旅遊書上所言，波爾多並非很典型的法國西南城市，因為這裡的建築喜歡用灰暗的大石而非玫瑰色或黃金色大石，使得城市顯得有點陰沉而憂鬱，街上的大宅會圍起很高很長的深色石頭圍牆，從外邊根本看不到裡面，這樣的情景也不似法國其他城市的大宅風貌。

為什麼會這樣？我到了波爾多才了解，原來這座城市的地理位置雖在法國，但因為從十二世紀起，統治波爾多的阿奎坦的艾萊亞諾女公爵和英國王位繼承人的金雀花王室諾曼亨利聯姻（即後來的英國國王亨利二世），波爾多地區之後就成了英國的殖民地，不只當地的葡萄釀酒業由英人掌控，當地的思想、文化、生活方式都受英國文化的影響，因此才有人說波爾多雖然有個法國身體，卻有個英國靈魂。

第一次到波爾多，時間很匆促，短短幾天的行程，參加了當地市政府辦的一些市內導覽與酒鄉導覽的活動，隔了二十年後看這些活動，對時間不多的旅人仍然很有價值，活動包括參觀位於市中心的波爾多葡萄酒之家（La Maison du Vin de Bordeaux），這是座葡萄酒博物館，提供觀賞者認識波爾多各酒區的地圖和文字資料的小手冊，這時我才知道波爾多竟然有高達兩萬多家的大大小小酒莊，天哪！誰能真正地毯搜尋式地研究波爾多酒莊呢！因此，對想大致了解波爾多酒區的人，就會以東西

南北的方位觀念，大致瀏覽一下附近的六大酒區。

在波爾多遊覽酒鄉，如果選擇自己開車，有些出名的大酒莊，是不接受臨時上門的旅客，要事先預約，因此對時間充裕的旅人較合適，我拿了一些大酒莊資料，決定等自己對葡萄酒的經驗較豐富了再上門請益，當年的我才二十多歲，喝葡萄的歲月很淺，懂得當然不多，於是，就決定參加市政府辦的酒鄉觀光，分成半天及全天的遊覽，半天可參加三個酒鄉，其中一定有個有名的大酒莊，再加一個中型和小型的酒莊，這樣也好，可以了解大中小酒莊的風貌，最後，我選擇了全天的遊覽，心想一天看六個酒莊也夠了。

日後回顧那一天的遊覽，才知道當一九八六年，全世界的葡萄酒熱還沒興起，波爾多的酒鄉觀光也沒那麼熱門，我去的時候又不是夏季，觀光客也不多，一輛小巴上只有四名旅客，幾乎像私人行程了，當時精品業也還未流行併購大酒莊，整個葡萄酒業還挺傳統的，也因此我竟然有幸去到了幾家日後才知真不得了的葡萄酒莊。

波爾多的酒區大體上分為波爾多西北的梅多克區（Médoc），這是最重要的酒區，大大有名的瑪歌（Margaux）、波雅克（Pauillac）、聖朱利安（Saint-Julien）、聖愛斯台夫（Saint-Estèphe）、慕里斯（Moulis-en-Médoc）、上梅多克（Haut-Médoc）都在這裡，再來是位於波爾多南方的格拉芙（Graves）酒區，其中包括在一九八七年前還屬於此酒區的歐布里雍（Haunt-Brion），這所曾被英國作家山姆佩皮斯（Samuel Pepys）點名的酒莊，竟然就在我們遊覽的行程中。除了以上兩個重要的酒區外，還有波美侯酒區（Pomerol）、巴薩克酒區（Barsac）、聖愛美濃酒區（Saint-Émilion）、索甸酒區（Sauternes）、貝沙克-雷奧良酒區（Pessac-Léognan）等區，都分布在波爾多的四周，從波爾多開車出發，都在不到一兩小時的車程內。

那一天的酒鄉觀光，是先從上梅多克酒區開始的，上梅多克區位於梅多克區的南半部，這裡擁有波爾多酒區內品質最好的細砂土壤，特別

適合栽種卡本內蘇維濃（Cabernet Sauvignon）、卡本內弗朗（Cabernet Franc）、梅洛（Merlot）葡萄品種，而這個酒區內有波爾多最優質的瑪歌、聖朱利安、波雅克等獨立酒莊，當天我們拜訪的就是聖朱利安酒區內的拉格喜酒堡（Château Lagrange），這家位於風景秀麗的小湖旁的酒莊，出品的酒有著新鮮的黑醋栗果香，這家酒莊後來賣給了日本人，但品質並未退步，反而更上乘，令當地的法國佬不得不承認不僅英國人會念法國酒經，連日本人也可以。

英國風味的酒

波爾多葡萄酒，一直被法國人認為是有英國風味的酒，不像布根地酒是純法國風的，有人說，光看這兩地的酒瓶就知道其中差別，波爾多酒的酒瓶高高瘦瘦的，看來就像英國紳士的身材，但布根地酒的瓶身圓滾滾的，波爾多酒從十二世紀後就一直受英國酒商的影響，英國酒商很早就把波爾多葡萄酒當成國際貿易，因此才會培養大酒莊制度，對品質與技術的控管也較注重，簡單來說，波爾多葡萄酒用法制管，布根地葡萄酒用人治管，前者比較理性可預期的結果分明，後者較感性，也較不穩定，因此才有人說買波爾多酒像穩定的婚姻，一定可以喝，買布根地酒卻像戀愛，好壞難測。

波爾多葡萄酒出口的主力市場一直是英國，英國人給波爾多葡萄酒取了個外號叫「Claret」，意思為鮮血，是因為波爾多葡萄酒的顏色比較深，英國人是波爾多酒的主要顧客，而從中世紀以來，在波爾多市區的葡萄酒貨倉及郊外的酒莊，不少擁有者都是英國人，直到今天，波爾多有許多酒莊的法國老闆，若查看家譜，不少人的遠祖都是英國人，也因此還保留了英國姓氏。

英國人改進了波爾多葡萄酒的種植、採收與釀酒技術，像在葡萄園中設排水工程，改進橡木桶（後來是不鏽鋼桶）的釀造品質，訂定嚴格

的分級品管觀念，建立了頂級、一級、二級等制度，使得波爾多葡萄酒最早成為世界上第一個有自我篩選品評的業者，並且主動設立現代法定酒區的觀念，先看看占法國品項最高的AOC（Appellation d'origine contrôlée）產量三分之一的波爾多葡萄酒，總產量卻只占全法國的十分之一，由此可見，波爾多葡萄酒的品質穩定。

在第一次探訪波爾多酒鄉，沒想到竟然也有幸去到出名但當年還不那麼貴的波雅克酒區中的拉菲特羅思柴爾德酒堡（Château Lafite Rothschild），創立於十七世紀末的酒莊，原名的拉菲特，但在十九世紀被猶太金融鉅子羅思柴爾德家族的人買下來，因為這個家族的介入，也導致了波雅克酒區的精品化，二十多年前要我開一瓶拉菲特羅思柴爾德的頂級酒還不是難事，到了今日卻會很心疼荷包；還好可以用「從前都喝過了」這樣的話來安慰自己。

第一次在波爾多酒鄉遊覽，真是為我打開了進入葡萄酒世界的大門，也讓我開始買書、買酒，走上了做業餘葡萄酒玩家的人生旅程，過了五年後我定居在倫敦，也開始幾乎每兩、三個月就探訪歐洲各地酒鄉的微醺歲月，其中去過最多的國家當然是法國，最常去的酒鄉則是波爾多和布根地。

後來去波爾多，當然不會再跟市政府的旅遊團，改成自己開車，也不會一天去五、六個酒莊，最多一天去兩個酒莊，上午一個下午一個，住的地方也不會只在波爾多市內，因為波爾多人最喜歡住的地方就在南邊不遠的聖愛美濃，這座中世紀的古城，以金黃色的石灰岩石建築出名，這座小城還保留了小村小鎮的風味，是波爾多人認為最美的酒鄉，除了住聖愛美濃的精美民宿，也試過住波雅克村的小旅館，住在離葡萄園不遠的地方，才真正能體會葡萄酒和自然天地的親密關係，尤其在不同的季節，觀看葡萄生長的情況，才會在喝葡萄酒時感受到葡萄的生命。

因為經過了五、六年的葡萄酒歲月薰陶，之後在波爾多旅行就比較

熟門熟路了，也試過預約去門檻很高的瑪歌、拉圖堡，但在一九九〇年代初期，這些酒莊雖然門檻高但卻不那麼商業化，酒價也還合理，我就買過一些不到十年的酒，預計要放個十來年後再喝，這種買酒、存酒的興致這幾年卻退潮了，現在變成了今朝有酒今朝醉，不太想藏酒，寧願好酒先喝了吧！

有一回住在聖愛美濃時，遇到了十一月十一日的聖馬丁節，這個節日有保護波爾多酒的意義，對波爾多當地人而言是很重要的節慶，依據傳統在聖馬丁節前只有波爾多葡萄酒才能裝船出口外銷，波爾多鄰近的酒鄉，如西南的貝傑哈克（Bergerac）酒鄉的酒在聖馬丁節日前就不准上船，目地是保護波爾多的酒成為英國聖誕節的銷售主力，長期一直排斥貝傑哈克酒的波爾多酒商，最近卻在考慮把貝傑哈克酒鄉也納入波爾多酒鄉，原因是貝傑哈克酒鄉的酒莊老闆現在也有不少是波爾多人和英國、美國人了，而貝傑哈克酒的品質提升，已不輸近年來某些日益粗製濫造的波爾多酒。

瓊漿玉液，伊奎甜白酒

一九九三年秋天，當外子交出他的博士論文後，我們又決定去波爾多酒鄉住半個月，好好用美酒美食犒饗自己，這一回旅行讓我迷上了索甸（Sauternes）甜白酒，我本來對波爾多的白酒興趣不大，談到喝白酒，雖然格拉芙（Graves）的白酒評價尚可，卻一直不能吸引我，我喜歡的法國白酒產地還是布根地（Bourgogne）和羅亞爾河谷（Loire），但自從第一次喝到了索甸的伊奎（Château d'Yquem）甜白酒，對我而言真的只能用瓊漿玉液來形容，對於伊奎甜白酒一喝傾心外，還有美國總統傑佛遜在一七八七年品嘗過伊奎甜白酒後，就說此白酒是法國最好的白酒。

我第一次喝甜白酒，是在匈牙利的布達佩斯，當時喝到名為托卡

伊（Tokaji）的甜白酒，得知托卡伊曾是在十八世紀前法國皇室的御用酒，這種用晚秋多霧季節時長滿了貴腐菌因而果皮收縮的葡萄，釀造出來的甜白酒，有著獨特的濃縮香氣和甜味。

我本對托卡伊甜白酒頗有好感，但伊奎的甜白酒是模傲托卡伊的酒，後來卻青出於藍而勝於藍取代了托卡伊的甜白酒之王的稱號，成為更高級的甜白酒皇后。

第一次喝到伊奎的甜白酒，真是驚艷，的確超越了托卡伊，當然價錢也高了不少，但從一九九〇年代初期到末期，伊奎的甜白酒價格雖高，但還不到高得嚇人的程度，以前一百多美金的甜白酒，後來竟然漲到了五、六百，足足漲了四、五倍，慢慢地我也改掉了常常在晚餐後開伊奎甜白酒的習慣。

伊奎甜白酒是索甸酒區最好的甜白酒，但索甸甜白酒的品質很不穩定，有些酒莊的甜白酒的人工香氣令人作嘔，因此若要買伊奎之外的甜白酒時要特別小心索甸酒區，還不如買巴薩克酒區的甜白酒，反而品質穩定，價格合算。

美酒美食相伴

在波爾多酒鄉除了四處探訪酒區外，品嘗波爾多地方料理也是一樂，波爾多市中心有個很好的市場，是露天的僧侶市場，這個市場在波爾多老教堂所在的僧侶廣場上，每個禮拜從周二開到周日，從早晨到下午兩三點結束營業，這是一座非常有生命力的市場，有賣野味的攤子，野兔、山雞、野鴨、鵪鶉等野禽全身皮毛吊在鐵鈎上，看了讓不吃野味的我有點心驚膽跳，但我卻對好幾攤堆成小丘的未開殼的生蠔大流口水，波爾多臨大西洋濱，離法國生蠔的重要產區阿卡雄（Arcachon）很近，這裡的生蠔品質很好，除了買回家外，客人也可以請攤主當場用小刀撬開雙殼，加些檸檬連著海潮汁一起吞下新鮮豐美的蠔身。

通常現吃生蠔是吃六粒才過癮，有人貪吃會吃一打就會有點膩，最好不要貪多，留下胃口吃市場上其他攤子的美食，例如有農莊山羊乳酪、貝洛克修道院乳酪，還有各種手工乳酪，有沾藥草的、塗胡椒粒的、浸過紅酒的，還有賣肉腸的攤子，賣各式鄉村麵包的，當然少不了賣波爾多名產的可麗露（Cannelés）甜糕，據說這是波爾多人學英國中世紀的甜點，卻因為烤焦了反而別有風味。

　　波爾多以紅酒出名，有名的香草波雅克羊肉是以波雅克紅酒烹煮羔羊排，由於波爾多紅酒的單寧重，並不適合燉煮牛肉，因此沒有如布根地紅酒牛肉這樣的菜，但用紅酒燉煮西南地方聞名的鴨都不錯，還可用紅酒煮波爾多附近河流中的小鰻魚，波爾多也盛產牛肚菌，因此秋冬時節有道砂鍋牛肝菌燜鴨的名菜，波爾多附近亦出產松露，用松露製做鴨肝、鵝肝前菜來搭配甜白酒也很受歡迎。

　　除了波爾多市區的市場及餐廳外，聖愛美濃也是不能錯過的美味勝地。聖愛美濃是波爾多富裕人士喜歡居住的古城，當地有不少好餐廳，可以吃到西南道地的鄉土料理，例如酒燜鴨、油燜鴨肫、鵝肝、鴨肝、牛肝菌、松露、紅酒八目鰻等等美味，如今回想起在波爾多的日子美酒美食相伴，真是此生難忘的甜美生活。

寧靜而柔美的
香檳酒鄉

Champagne | France

要了解香檳，要先明白三個定律，第一，香檳是氣泡酒，但氣泡酒卻未必是香檳。第二，香檳是由葡萄製成的酒，但香檳卻不等於葡萄酒。第三，香檳是酒名，也是地名，還是形容詞，這世上沒有一種酒比香檳更能用來形容成功、奢華與幸福。

我和香檳的最初邂逅，是十八歲時在香港的半島酒店，參加一個親戚的結婚派對，當天晚上我看到了閃閃發亮的香檳噴泉自頂端的香檳杯一路傾洩而下，充滿細泡的香檳在水晶燈的照射下晶瑩璀璨，真美，我在心中暗暗自想著，眼前的香檳塔如夢似幻，彷彿湧出的不只是香檳酒，而是生命之泉。

表哥遞給了我一杯香檳，我輕輕啜飲著生平第一次的香檳體驗，細密的香檳氣泡在舌間迴旋，有一種比白葡萄酒更深邃的滋味，當我還在慢慢享受香檳奇特的口感時，表哥在我耳邊說道，「香檳的氣泡雖然美好，卻很短暫，就跟人生中許多美好的事物一樣。」

表哥的話不幸言中，當天我參加的婚禮，新人不到五年婚姻就結束了，難道是香檳的錯？後來我曾聽法國友人談起不同的場合適用不同的慶祝酒，香檳適合的是如陞遷、中獎、得獎、畢業、得到功名、票房大好、比賽贏了等等，代表短暫的成功的時候，但並不適合過生日（送長輩生日酒尤其要送年份久的老酒）或結婚的場合，因為香檳並不代表永恆，就跟櫻花一樣，誰見過有人婚禮用櫻花布置的？

第二次喝香檳是我自己為自己開了一瓶香檳慶祝首次置產，當時我剛寫完三年的電視劇本，存了一筆錢在台北市中心買了兩房一廳的小公寓，簽好約的當天和友人約在亞都飯店的巴黎廳慶祝，叫了一瓶香檳當開胃酒，接著吃法式榨鴨（Pressed Duck），當天我喝到微醺，那棟小公寓我也只住了七年，轉手賣房時房價卻漲了四倍，那可是台灣經濟狂飆的一九八○年代末，就跟前些年上海的情形差不多，算起來台灣錢淹腳目的年頭大概比上海早了二十年吧！

一九九一年我決定環遊世界一年，當年五月我先去了巴黎，以巴黎為基地，先在法國與歐洲各國旅行半年，接下來的時間才去非洲、美洲、大洋洲與亞洲。本來以為一年的旅行很夠了，沒想到玩出了癮頭；一九九二年的五月回到台北後就決定去英國念書，這一去又是五年，念書其實一半是藉口，真正想的還是可以常常旅行，而最常去旅行的地方

就是巴黎和法國各地了。

如今回想起來，快七年的時光真有如香檳人生，十分美好卻也十分短暫，最短暫的其實是歲月，當時才三十出頭，玩興還重，對飲食充滿熱情，體力也夠，能夠餐餐吃足喝夠，以前不明白美食美酒也是歲月不饒人的，到了四十多歲後，就無法當勇猛的饕客了。

有快十年的時間，真是常常喝香檳，而且可以兩人喝一瓶，當開胃酒喝完了還可以喝白酒、紅酒、貴腐甜酒，最後還喝白蘭地，真是好酒量啊！酒量是可以培養訓練的，像登山一樣，但也跟登山一樣，往往爬到了山頂後就要往下坡走了。

當年最常喝香檳的地方是在巴黎及香檳區＊（Champagne），住巴黎期間，會在餐館開香檳，晚上去香檳酒吧，也會買香檳酒回旅館或住宿公寓，為什麼常喝香檳？因為發現香檳除了可當法式料理的開胃酒外，還適合各種的亞洲菜，配中菜可，配泰國菜、越菜、日本菜、韓國菜等等都可，尤其是半甜的香檳，連辛辣的泰國冬蔭功（海鮮酸辣湯），馬來西亞咖哩、韓國辣豆腐、四川辣子雞丁都能配。

因為常喝香檳，對香檳的興趣也越來越濃，也因為香檳區離巴黎有夠近，開車七十多分，坐火車到蘭斯（Reims）也不到六十分鐘，也就養成了常常來去香檳酒鄉住一兩晚的習慣。

其實一般法國人通常較少拜訪香檳酒鄉，法國人尤其不像亞洲人這麼喜歡香檳，法國人喝香檳多在特殊場合或聖誕節之類的，為什麼？因為法國菜大概除了配生蠔及頭盤和開胃菜之外，其他料理並不適合香檳，尤其是有用紅酒燉煮的菜餚都不適合香檳，再加上香檳普遍比一般紅、白酒貴，平民百姓當然不興大喝特喝香檳，我的法國女友就說，最愛喝香檳的就是香港人和日本人，但香檳配港式點心、清蒸魚、燒鴨燒鵝，或壽司、日式烤魚烤肉卻真的很對味。

香檳酒鄉的觀光客比波爾多、布根地少，也和香檳地區的風景不那麼法蘭西有關，但我卻挺喜歡香檳地區那種混合法國和比利時村鎮的

風情，亞耳丁高地（Ardennes）上緩坡的丘陵上種植著整齊有序的葡萄園，蜿蜒的村路旁棕黃褐紅的小農莊，路旁偶爾閃現的風車，原野上迷人的田園和簡樸的修道院，香檳區的風景有種法國少見的素樸、寧靜與柔美。

小氣泡的奇蹟

香檳區的風景和歷史有關，這裡在十七世紀以前，是法國的荒土，不像富裕的法國中部、南部，這裡從來不是古羅馬人、古高盧人爭奪之地，沒留下什麼壯麗的古蹟，這裡的氣候又太北太冷，平均每十年才會出現一次葡萄好年份，平常釀造出來的葡萄酒都太酸太澀，在十七世紀以前，香檳地區從來不是什麼好酒鄉。

但在十七世紀時，奇蹟發生了，當時身居奧特維萊爾修道院（Hautvillers）的院長唐·培里儂（Dom Pérignon）把香檳區原本不利的釀酒短處轉化成長處，因禍得福而發明了氣泡酒，這種特殊的酒就以產地「Champagne」命名為香檳。

在十七世紀以前，香檳區的酒就因為秋冬天氣太冷，釀酒過程中常會產生二氧化碳的小氣泡，當時的酒商卻認為這是香檳區白葡萄酒的缺點，因為全法國其他地方的酒都不會自然產生氣泡，但這位培里儂修士卻不認為小氣泡是缺點必須強力去除，反而認為這是特色，因此他研發出二次發酵的釀造方法，讓酒的氣泡更多更細緻，並改善了裝酒的酒瓶，使其可承受氣泡的壓力而不致氣爆成玻璃碎片，這就是為什麼今日的香檳酒瓶都比一般的葡萄酒瓶要來得厚實的原因。

培里儂發明的氣泡酒一炮而紅，大受法國各地的歡迎，也造成不少地區的仿造，但香檳區爭取到限定屬名，即其他地方的氣泡酒不能用產地香檳命名，只有香檳地區才可。

法國的羅亞爾河谷地、西班牙巴賽隆納也都出產品質很好的氣泡

酒，卻不能以香檳命名，因為不叫香檳，在售價上就吃了虧，反之，有些香檳區的氣泡酒品質並不夠好，但因為叫香檳就不免物有所溢價。

香檳地區的香檳，除了釀造的方法不同於一般葡萄酒外，在葡萄的使用上也有別於其他的葡萄酒，這也是培里儂發明的方法，即混合不同品種、不同葡萄園生產、不同年份的葡萄來調配釀造出不同風格的香檳。

所謂香檳的風格，即每家酒莊混合調配香檳的手法，香檳區是沒有法定產區的風土概念，因為香檳區的土壤及氣候因素，根本很難在一個地點找到足夠的好葡萄，因此無年份的香檳酒，指的是選用不同年份、不同品種、不同產地的葡萄及汁液釀出的香檳，至於好年份香檳，則代表選用某個特別好年的單一年份，但還是來自不同品種、不同產地的葡萄調配而出的香檳。

香檳是調配酒，每一家酒廠都有自己獨特的配方，以調出不同風格的酒，顧客會喝因風格的不同而成為某些酒莊的忠實客戶。

香檳選用的葡萄品種有三種，從香檳區北方產較多的黑皮諾（Pinot Noir）到南方的夏多內（Chardonnay），另外還攙雜了較少見的皮諾莫尼耶（Pinot Meunier）品種，這三種品種的混合調配，完成了大部分的香檳基本款，但也有單一用夏多內或黑皮諾釀製的特殊香檳。

最常見的香檳酒是白色的，但通常呈白金色的味道較深沉，也有粉紅香檳（這是用白酒和紅酒一起混合釀製的）；香檳酒如果定名為「Brut」，指的是不甜的香檳，也是一般最受歡迎的香檳，雖說是不甜，其實卻有淡淡的甘味，比叫「Dry」的白酒會甜些，約略在每一公升中會有不超過十五克的糖；叫「Extra Sec」的香檳，則是每公升不超過二十公克糖份；叫「Sec」的香檳，每公升有十七到三十五公克的糖；至於叫「Demi Sec」的香檳則每公升有三十五至五十公克的糖，根據我個人的經驗，越甜的香檳喝了越易醉，也許和甜口不小心會喝多有關。

香檳酒鄉之旅

到香檳酒鄉旅行，如果時間夠有幾個地點都不妨走走，最熱門的地點當然是被當成香檳區非正式首府的蘭斯（Reims），這裡有聖女貞德在西元一四二九年為查理七世加冕的大教堂，這裡也聚集了不少知名的香檳酒廠，例如泰廷爵（Tattinger）、伯瑞（Pommery）、蘭頌（Lanson）、查爾斯・愛希克（Charles Heidsieck）等等，這些酒廠都可預約參觀，最有趣的是深入酒莊地下白堊層建造的酒窖，運氣好的話還可看到工人慢慢搖動酒瓶以鬆動酒瓶內的沉澱渣質。

從蘭斯離開後，可開車前往魯瓦（Louvois）以凡爾賽宮花園式樣建設的城堡，之後再到艾鎮（Ay）參觀以出品頂級香檳出名的伯蘭爵（Bollinger）和高仕達（Goset）酒廠，這裡也是香檳博物館的所在地，可以看到不少香檳釀製的器具，可了解香檳的歷史。

香檳大道上最重要的小鎮是埃佩爾奈（Épernay），有名的酩悅香檳（Moët & Chandon）大酒廠就在此，邱吉爾及英國人特別喜歡的保羅傑（Pol Roger）酒廠也在此，這裡也是香檳區觀光局的所在地，有幾家廣受好評的附餐廳的旅館，在香檳區過夜以住在埃佩爾奈最佳。

如果還有時間多待一回，就可前往唐・培里儂的修道院所在的奧特維萊爾小鎮，小鎮附近有幾個小村莊，如薩西（Sacy）、沙默里（Chamery），有小酒廠和合作社出產的小廠香檳，不妨比較看看和大酒廠的滋味有何不同，當然小酒廠的香檳價格一定比較可口；到香檳區旅行，除了參觀試飲知名酒廠的經典款香檳的趣味外，若能從不太有名的香檳合作社中發掘到珍品，更有尋寶之樂。

說到以香檳入菜，當然不能用貴極了的知名酒廠香檳，都是用平價的合作社小酒廠的香檳，這也是在香檳區旅行的樂趣之一，因為離開了香檳區，在法國及世界各地就不容易拿到合作社的香檳做菜了。

香檳區的料理崇尚原汁原味，料理比較清淡，一般人若只看食譜，

會覺得香檳區的地方菜比較簡單，卻忽略了此地的特色在好食材而非複雜的烹調手法，香檳區至今仍是少數當地居民以使用當地食材為主的地區，當地的溪流中仍有不少的鱒魚、梭子魚、鰻魚，當地的豬仍吃橡實長大，可製成品質很高的亞耳丁燻火腿，亞耳丁山林中的野豬、雉雞、珠雞等也提供了優質的肉類食材。

香檳區的料理在法國其他城市並不太有名，原因是香檳區很富裕，有錢地方的人是不會想到外地去賺開餐館這種辛苦錢的，此外，香檳區地方料理的優點在外地也不容易複製，因為這裡的料理特色在優質的新鮮食材，但香檳區的食材根本不外銷，只能在當地吃，我在這裡吃到不少非常優質的蔬菜水果，例如蕪菁、芹菜、蘿蔔、青豆、蔥、蘆筍、包心菜、洋蔥、馬鈴薯等等。

香檳區的地方餐館中的名菜有澆上鮮奶油與亞耳丁火腿的煎鱒魚、用香檳酒烹煮的鰻魚，和用小黃瓜、培根肉烹煮的梭子魚，用亞耳丁火腿、鼠尾草、辣味香腸燜煮的豬腳，搭配酸黃瓜一起吃的亞耳丁燻火腿，用青豆煮成泥狀後澆上火腿丁的濃湯，甜點則有香檳製成的冰霜，和澆上鮮奶油的杏仁蛋白酥。

在香檳區旅行，雖然沒太多名勝古蹟可看，也沒複雜深遠的歷史可追溯，但佳地自有宜人處，風景秀麗、民風富庶卻不浮華、食物簡單卻有真味，香檳酒又好喝，尚且觀光客還不太多，去香檳酒鄉旅行要趁早喔！

* 香檳區（Champagne）：是唯一能合法出產香檳的地區。大部分的香檳是無年份（Non-vintage）的，意味著每一瓶無年份香檳的風味必須與前一年，前五年，前十年的風味一模一樣。釀酒師必須利用經驗，調配來自不同葡萄園釀製的原酒；合格的香檳，更是需要經過長時間的窖藏，在發酵的過程中用人工一瓶一瓶加入少量的糖，以便之後進行瓶中二次發酵，這也是香檳中那迷人氣泡的由來。也因為AOC法定品種只有三種可以被拿來釀製香檳，而且只能從香檳區採收的黑皮諾（Pinot Noir）、夏多內（Chardonnay）以及皮諾莫尼耶（Pinot Meunier）。

難忘的阿爾薩斯
味覺之冬

Alsace | France

阿爾薩斯是法國最北方的白葡萄酒酒鄉，這裡幾乎全以白葡萄酒為主，釀酒的傳統也和法國其他地方不太相同，像布根地、波爾多的葡萄酒都是以產地為主，標明領地或城堡的名稱，但阿爾薩斯卻以葡萄品種區分……

不久前的十一月下旬到巴黎去，冬日的巴黎多雨濕冷，身體需要熱量抵抗天氣，胃口特別好，去了幾次Brasserie Lipp，這家位在左岸六區聖傑曼大道上的啤酒屋，是美國作家海明威在他寫作的《流動的饗宴》一書中常常提及的餐館，以阿爾薩斯（Alsace）鄉土菜聞名，可以吃到品質非常好的酸白菜、醃肉、香腸、豬腳等等。

在巴黎辦完公事後，還留下近一周的時間，也許是阿爾薩斯菜吃出了癮頭，就決定搭TGV高鐵去阿爾薩斯重溫舊夢一番，我上回去法國東部這個屢屢因戰敗而割讓給德國，戰勝又討回的法德交鄰地已經是七年前的事了，當時從巴黎東站還沒有TGV直通歐盟議會所在地的史特拉斯堡（Strasbourg），這可是很不尋常的事，法國高鐵怎麼可能忽略阿爾薩斯的重要性？

原來是因為阿爾薩斯省民屢屢在公民投票時否決了高鐵的興建，理由是不想縮短和巴黎的車程距離，這種心態當然有歷史上屢屢做兩面不放心的夾心人有關，我有個史特拉斯堡的朋友就對我說，現在阿爾薩斯人的肉體是屬於法國的（在法國國境內），腦子卻屬於德國（這裡人的種族特性較接近德國人），但靈魂卻誰都不屬於，只屬於阿爾薩斯。

其實，過去從巴黎東站到阿爾薩斯也不算遠，約四小時即可抵達，二〇〇七年六月通車的TGV加快了一個半小時，巴黎代表的法蘭西文明得到最後象徵性勝利，終於在自決投票時，因年輕一代票數的增加而讓阿爾薩斯擁抱了巴黎。

法國從十八到二十世紀，以巴黎、香檳區、羅亞爾河流域代表的法蘭西王朝文明，不斷以輻射狀向四方前進，以巴黎方言為基礎精練化成近代的法文，消弭了四周的諾曼第方言、布列塔尼方言、阿爾薩斯方言、布根地方言、奧萬尼方言等等，法國原本是個方言林立、部族最多、服裝樣式、生活型態不一的國度，卻在過去兩百年中逐漸受法蘭西文明同化，如今在大法國範疇內最能反映各地不同的民風土俗的事物就是飲食了，法國的飲食文化人類學者常說，如今法國人還在吃的幾百種

乳酪，就代表法國昔日消失的地方方言，憑一個人平常吃什麼乳酪，就可猜出這個人來自何方，乳酪代表法國人的鄉土認同，而鄉土菜更是一個人的身分，鄉土酒則像一個人流動的情感。

我在世界和法國各地常常旅行，就感染上把食物看成風土的語言，像我這回臨時決定重遊阿爾薩斯，最想的就是回到那塊土地上的食物環境裡，在巴黎雖然也有不少酒館、餐館吃得到阿爾薩斯菜、喝得到阿爾薩斯酒，但就是和在當地吃喝不一樣，只有土親人親食物才親，食物就像個母體，會帶來感官與心靈的歸屬感。

很多人以為阿爾薩斯菜、阿爾薩斯酒是德國酒，其實是不對的，阿爾薩斯菜比德國菜豐富多了，有很多菜是源自法國的傳統，一些和德國南部巴伐利亞相似的菜如酸白菜豬腳等等，阿爾薩斯的烹調手法要細緻太多了，像我就常說，我不喜歡德國菜卻很喜歡阿爾薩斯菜就是這個道理。

至於阿爾薩斯酒的歷史可追溯到古羅馬時期，也因為阿爾薩斯有舟楫之便，葡萄酒的貿易活動一直很興盛；釀酒事業不能只靠村人，可以賣到遠方的酒才可能產生好品質和好聲譽的酒，這一點阿爾薩斯酒當之無愧，自然比近鄰的德國酒勝出不少。

阿爾薩斯並非省名，是地方名稱，由北邊的下萊茵省（Bas-Rhin）和南方的上萊茵省（Haut-Rhin）組成，位於法國的東界；東鄰是德國，直到今日不少德國人都喜歡在周末越過邊界到阿爾薩斯來吃吃喝喝，因為比較好吃、好喝，又比較便宜。

從下萊茵省的瑪琳漢（Marlenheim）到上萊茵省的坦因（Thann），推廣旅遊的地方政府規畫了一條長達一百八十公里的阿爾薩斯葡萄酒之路，十多年前的夏天我曾經和朋友們一村又一村地開車探訪這些美麗的酒鄉，這一帶的風光十分恬靜，混合了德式潔淨條理和法式的柔美優雅，旅程中有幾個不宜錯過的佳境，像希伯維列（Ribeauvillé）、貝爾甘（Bergheim）、米特貝漢（Mittelbergheim）、

里克威爾（Riguewihr）、圖根漢（Truckheim）、凱瑟斯堡（Kayserberg），這些小村小鎮大都有美麗的古老城堡、迷人的老教堂，精緻的餐廳、優美的酒莊以及上等的葡萄園，花個三四天慢慢遊覽葡萄酒之路，一定會留下非常美好的流金回憶。

十二月的聖誕市集

　　冬日太冷，並不適合拜訪酒鄉，六年前十二月我曾去史特拉斯堡和科瑪（Colmar）過冬，這一回重返阿爾薩斯也是想回憶上一次旅程，因為喜歡聖誕節的人一定不要錯過史特拉斯堡的十二月聖誕市集，在史特拉斯堡的大教堂前會擺上五百多個攤子，賣各種聖誕飾品、服裝、玩具、農產品、糕餅、巧克力、酒等等，在將近一個月的時間內，天天都有活動，像大教堂音樂會、教堂廣場上木偶戲、夜晚的煙火會、穿中世紀服飾的遊行等等，遊客都可以參加，簡直是北方的嘉年華會。

　　為什麼要在十二月辦嘉年華會，表面上是宗教節目，慶祝耶穌誕生，其實是歲時活動，基督教宣稱耶穌的生日剛好在重要的天文節日冬至後，冬至是北半球白晝最短、黑夜最長得一日，這個白日縮短現象從十一月下旬到十二月下旬就一直在進行，整個十二月北半球高緯度地區（如阿爾薩斯），每天早上不到八點看不到天亮，下午四點不到天就黑了，住在北方高緯度地區的人，十二月天天面對著又濕又冷的天氣，心裡也鬱悶起來，這時又是農閒的日子，如果天天不出門待在家裡是會產生冬日憂鬱症的，但光鼓勵大家去教堂崇拜主兼散心也不見得有效，還不如在大教堂前擺攤賣東西，弄點五彩繽紛、燈火通明，加上唱歌、跳舞、演戲、吃喝等等，整個十二月的憂鬱不知不覺就度過了，又可以增加地方的商業活動，商人口袋裡麥克麥克，這一套聖誕節大消費可說是自古以來物質與精神雙贏的設計。

　　這回我到史特拉斯堡，仍然選擇上回住過的位於大教堂正對面的

十七世紀就有的老建築旅館，出門旅行要玩得好，對我而言要先有三好，一是要有好旅館，二是要選好餐廳，三是天天坐好咖啡館，我的好旅館定義不在高級奢華，最重視地點，一定要在最多活動的地方，例如大教堂、大廣場、大市集附近，隨時出門都熱鬧，旅行時絕不能住在偏僻的地方，一到晚上就不想出去，還出門旅行幹嘛，因此車站附近一定不能住，車站常是最無聊的地方。

史特拉斯堡感覺起來有大城的氣勢，因為她很富裕，政經地位又很重要，才會被選為歐洲議會所在地，但實際生活或旅行時卻有小城的溫暖，從車站走到老城中心只要十多分鐘，也可搭新穎便利的有軌電車，老城中心即聖母院大教堂、聖母院建築博物館、市鎮廣場、主教官邸羅昂宮、阿爾薩斯博物館，這些重要的觀光景點走來走去都只要四五分鐘，再往舊市街與小法國區走去，也只要十幾分鐘，歐洲的老街都是從中世紀的空間尺度所規畫的，十分符合人性，只要安步當車即可。

我的旅行一向慢活，訂了在市中心的旅館，只要不出城，待個三五日都不需要用車，來到史特拉斯堡也是，我早知道附近市中心有哪些好餐館、咖啡館、糕餅舖、酒舖、精品美食食材舖等等，有待我去盡情享受，我是盡量不在旅館吃早餐的，因為一天三餐加下午茶四頓，頓頓要珍惜，旅館早餐都太制式，也不容易好吃，我旅行時一定會帶刀叉、開酒器，因為有些食材在餐館不容易吃到，也吃不盡興，我每到一個城市，總會有兩三頓是在旅館房裡自己料理，例如來史特拉斯堡，我早就想好了那天早餐要開瓶麗絲琳白酒（Riesling）配阿爾薩斯鵝肝醬加麵包吃，這樣的早餐外頭哪裡吃得到？

我到每個城市，都會有一份必吃必喝名單，在史特拉斯堡的清單上寫著的首選即吃鵝肝，接著是酸白菜、火腿肉、培根、豬頰肉、豬大排、豬小排、大小香腸等等，阿爾薩斯以擅長處理豬肉出名，像中國人吃豬肉一樣會把肉品分各種部位精心烹飪，也擅長製香腸，我平常是不愛吃西方一般無味的香腸，但阿爾薩斯香腸除外，因為肉味十足，口感

又佳。

接著是吃蝸牛，一般人以為布根地蝸牛正宗，卻不知吃阿爾薩斯葡萄葉長大的蝸牛滋味更新鮮；名單上還有吃阿爾薩斯的燉鰻魚，因阿爾薩斯水路充沛，河鮮料理自然豐美，做法多是用白葡萄酒加各式蔬菜高湯清燉，這裡吃魚都連魚頭一塊吃，很對華人的胃，常吃的魚有各種淡水魚，像鮭魚、鯉魚、梭子魚、鱒魚、鱸魚、白斑狗魚等等，一般人都知道阿爾薩斯有酸白菜什錦豬肉盤，卻少人知道這裡的酸白菜什錦魚肉盤也很有名；另外，秋冬的燉鵝、田雞腿和燒野兔等也以醇美出名。

阿爾薩斯還保持了許多中世紀的農家菜，像各種肉餡派、蛋派、蔬菜塔，還有以阿爾薩斯鄉土乳酪Munster製作的Flammenküche（即火燒塔），可說是阿爾薩斯的Pizza，但不是圓形的而是長方形的。

阿爾薩斯的甜點也很出名，最有名的就是庫格洛夫（Kouglof）水果蜜餞蛋糕，是聖誕節必備糕點，此外這裡盛產的黃香李（Mirabelle），除了製成黃香李白蘭地外，也會製成各種李子塔、李子蛋糕。

阿爾薩斯的白葡萄品種

阿爾薩斯是法國最北方的白葡萄酒酒鄉，這裡幾乎全以白葡萄酒為主，釀酒的傳統也和法國其他地方不太相同，像布根地、波爾多的葡萄酒都是以產地為主，標明領地或城堡的名稱，但阿爾薩斯卻以葡萄品種區分，後來美國那帕（Napa）酒鄉學的就是這一套，這裡釀酒也大多採用單品種，因此很容易區分出格烏茲塔明那（Gewurztraminer）、麗絲琳（Riesling）、白皮諾（Pinot Bianco）、灰皮諾（Pinot Gris）、麝香葡萄（Muscat）等等不同白酒的風味。

格烏茲塔明那（Gewurztraminer）舊名塔明那，是阿爾薩斯特有的白葡萄品種，這種葡萄可釀成有荔枝、紫羅蘭花香味的酒，散發著異國的風味，在白酒裡是口感比較醇厚的，很配本地的酸白菜料理，因此成

為搭配東方酸甜料理的首選，也配印度、泰國、四川等辛辣料理，也有人認為葡萄酒最難配的薑，此酒都勉強可搭配，當然有醋的沙拉或者日式醋味小菜都可試試格烏茲塔明那，總之，一般法國人並不熱衷花香撲鼻的此款酒，放入東方料理版圖卻大有可為。

麗絲琳（Riesling）品種的白葡萄酒，可說是阿爾薩斯最受歡迎也最引以為傲的白酒，此酒有高貴芬芳的別稱，口感豐富，會因種植在黏土、花崗岩、石灰岩等不同的土壤而產生不同的風味，雖然麗絲琳在德境內也有生產，但一般酒評卻認為除了莫塞爾河（Mosel）一帶，德國不甜的麗絲琳酒體太單薄，不如氣候較暖的阿爾薩斯表現良好。

麗絲琳酒適合搭配貝類海鮮、味道濃郁的淡水魚、烤雞、雞肉料理、水果等等，很適合大部分的阿爾薩斯地方菜，也比一般阿爾薩斯白酒更耐久藏，精緻優雅散發金光的陳年麗絲琳可說是最上品的阿爾薩斯白酒，在阿爾薩斯白葡萄大道的南方小鎮里克威爾（Riguewihr）出產高品質的麗絲琳，有「阿爾薩斯珍珠」之別稱。

灰皮諾（Pinot Gris）據說是某位阿爾薩斯將軍從匈牙利帶回來的品種，如今匈牙利境內灰皮諾早已絕跡，但在阿爾薩斯境內很受歡迎，此品種適合釀製晚摘型的不甜白酒，最適合搭配本地的鵝肝。

科瑪，北方威尼斯之外號

在阿爾薩斯旅行，除了史特拉斯堡外，絕不可錯過在葡萄酒大道南方的古鎮科瑪，從史特拉斯堡搭TGV或當地快車，都不到半小時就可抵達。我很喜歡科瑪古鎮，這裡有北方威尼斯之外號，原本的設計以水路通行，因此道路都只適合漫步，不適合開車，最適合我這種喜歡旅途行腳的人，此古鎮在二次世界大戰時奇蹟地躲過了戰火空襲，因此保留下不少中世紀以來的古老外牆上露木構造的建築，在舊市街中心還有中世紀的多明尼克修道院，是非常美麗的早期哥德式建築。

這裡還有個水鄉小威尼斯，是中世紀起科瑪的葡萄酒貿易水路，科瑪是阿爾薩斯的白葡萄酒批發重鎮，在鎮內有不少酒舖，也因此科瑪當地的餐館也以美食著稱，因為最懂食物的人莫過於賣酒買酒的人了，我在科瑪待了五晚，天天去不同的餐館，在其中一家名為豬頭屋的老餐廳，吃到全豬料理，才真正懂了為什麼阿爾薩斯尊稱豬為豬大爺，這麼尊重豬，才做得好全豬料理。

　　在阿爾薩斯品嘗鄉土菜、喝阿爾薩斯白酒，令我胃口大好，日本人有「味覺之秋」的說法，但我夏日、冬日都來訪阿爾薩斯，覺得冬日略勝一籌，大魚大肉配白酒，阿爾薩斯味覺之冬令人難忘。

小巧而隱祕的
侏羅酒鄉

Jura | France

侏羅酒鄉，是一般來法國的旅客較少知道也比較不會拜訪的地方，但這裡也因此比較安寧，可以親近當地人的生活和飲食，後來兩次的重遊，都在這一帶的小城小村享受到非常美好寧靜的旅遊之樂……

法國在中世紀時，有兩個生產優質白酒的酒鄉，一個現在幾乎因產量太少而遭人淡忘，即在洛林區（Lorraine）莫塞爾河流域生產的優質麗絲琳（Riesling）白葡萄酒，另一個即位於侏羅山脈斜坡上的酒鄉，雖然還健在，而且仍然出品依據古老傳統製作的葡萄酒，但因酒鄉太小，成品較少外賣，而生產的又非市場主流的紅白酒，而是黃酒，使得侏羅（Jura）酒鄉常遭一般外國酒客的忽略。

但對曾經去過侏羅山區，探訪過當地小酒鄉的人而言，侏羅出品的黃酒卻有如藏在雲霧面紗後的美麗山景，只有親臨現場，才看得出此處風光如此嫵媚。

侏羅酒鄉是法國產量最小的酒鄉，但此酒鄉的歷史卻十分悠久，在古羅馬時代即有釀酒，二千年前的古羅馬地理學家普林尼（Pliny）就曾喝過本地的酒並讚譽有加，在中世紀時，此地的葡萄酒園起碼比現在的大十倍，以生產特殊的黃酒出名。

黃酒，侏羅的黃金

什麼是黃酒（Vin Jaune）呢？此酒採用的葡萄是侏羅原生種的莎瓦涅（Savagnin）白葡萄，採收期間比一般白葡萄晚，釀好的酒要放進兩百二十八公升的橡木桶內，至少要陳放六年，這期間葡萄酒會慢慢揮發，並在葡萄酒表面自然產生像酒花一樣的白色漂浮的黴菌，有隔絕空氣以免酒因氧化而變質的功能，當年出生於侏羅山區的法國十九世紀末的名細菌學者路易巴斯德（Louis Pasteur）就曾在家鄉用黃酒的酒花進行過酵母及菌類的實驗。

經過了六年的陳放，在兩百二十八公升的橡木桶的白葡萄酒會揮發約百分之三十五，而白色的酒花也轉變成黃色，這即黃酒之名的來源，侏羅人亦稱此酒為侏羅的黃金，既喻其色也代表酒的珍貴。

由於此黃酒已充分氧化，裝成瓶後可立即享用，開了瓶後也不必馬

上喝完，放個數星期沒問題，此酒也很具陳年存放的耐力，放個幾十年甚至百年都可能。

　　法國黃酒的滋味很芳香濃郁，帶著杏仁、核桃、蜂蜜的香味，有些人覺得此酒和西班牙赫雷斯（Jerez）的Fino雪莉酒相似，但因黃酒並不像雪莉酒會添加酒精阻止發酵，也不必不斷地新酒混舊酒，因採天然酵母菌的發揮作用，釀出來的黃酒比雪莉酒的口感要細膩圓潤許多，香味也比較明顯、味道也更精粹。

　　由於侏羅是小酒鄉，本區至今仍有不少酒莊隱祕在山谷之間，例如巴斯德的家鄉安勃瓦（Arbois），就是一座保持著中世紀風情的小鎮，我在十多年前到貝桑松（Besançon）時曾來過此鎮，這座四周平緩山坡都種滿了莎瓦涅葡萄，黃褐色尖頂尖塔的小鎮隱藏在山谷中，真像世外桃源般寧靜祥和，安勃瓦至今仍用傳統的方式生產高品質的黃酒。

　　本區最出名的黃酒產地，來自區內地勢最高的酒鄉，村莊名為夏隆堡（Château-Chalon），這是村莊名而非酒莊名，此地黃酒也以產地為名，釀造黃酒強調用的方法略不同於本區其他的傳統方式，首先是陳放在橡木桶內的時間是六年三個月，不只是六年，第二，此酒會放在六百二十毫升的酒瓶（Clavelin）中，代表著是由一千毫升的酒所濃縮而成的，也比本區一般保留的百分之六十五的熟成容量要少。因為長時間的揮發與濃縮，本酒鄉宣稱製出來的黃酒更精醇洗鍊，據說夏隆堡的黃酒至少可存放百年以上。

　　勒托瓦（L'Étoile）是本區近年來頗受好評的小酒鄉，是侏羅區的法定產區，當地的酒鄉由酒農合作社生產釀造，出品的黃酒甚有潛力，有存放四十年的陳年潛力。

侏羅飲食文化接近瑞士

　　侏羅酒鄉由於靠近瑞士，此地的飲食文化和瑞士有不少異曲同工之

處，例如在瑞士叫格律耶爾（Grueyere）的乳酪，在侏羅則有幾乎像孿生姐妹版的康堤乳酪（Comté），但因為牛不同、吃的牧草也不同，產量也不同，侏羅山區的人總堅稱以傳統方式放牧，產量又較少的康堤品質略勝一籌，因物以稀為貴，康堤的價格也較高，像巴黎咖啡館常見到的焗烤乳酪火腿三明治公雞先生（Croque Monsieur），原本用康堤乳酪，但現在大多用的是格律耶爾乳酪，我在台北做此款三明治，也不容易買到康堤，我也用瑞士版。

吃公雞三明治，若能配侏羅黃酒最合宜，但在巴黎咖啡館也不太可能喝到侏羅黃酒，但我上回去貝桑松，卻在當地咖啡館叫到了侏羅黃酒配用康堤乳酪做的公雞三明治，畢竟離產地近才可如此原汁原味。

去侏羅酒鄉，最近的方式是從巴黎坐TGV到當地的首府貝桑松只要兩個半小時，貝桑松是座富裕的小城，像瑞士一樣以製造精密工業產品出名，小城規劃十分整潔乾淨，當地人勤勞理性，但比鄰居瑞士人放鬆，城市氣氛也較悠閒，貝桑松是去法國學標準法語的地方，當地有不少外國學生，頗似義大利的學語文重鎮溫布利亞山城佩魯嘉（Perugia）。

從貝桑松南下，可到安勃瓦（Arbois）、莫爾托（Morteau）、波利尼（Poligny）、普拉斯恩（Plasne）等特色村莊，再往西去，越過索恩河即布根地酒鄉重鎮的馬貢（Mâcon），也因此，靠近索恩河一帶的侏羅酒鄉也生產布根地似的不甜白酒與紅酒，如果規畫較寬的旅遊行程時，從侏羅的貝桑松，可西到到布根地酒鄉，向東南走到薩瓦省有美麗運河的小城安錫（Annecy），再往南行，還可到阿爾卑斯山區的格勒諾柏（Grenoble），是座美麗、整齊、秩序的小城，也是法國文學家斯湯達爾（Stendhal）的家鄉。

侏羅一帶的美食，離開了本地就不容易吃到，這正是在法國各地旅行的樂趣之一，可以吃到原鄉的食物，這裡做的是無污染的精密工業（如鐘錶），因此雖然很富，卻能保持鄉野的氣息，自然環境也保持得

很好，當地的水質也很好，雖然離礦泉水名地依雲（Evian）不遠，但侏羅人卻不必全靠礦泉水過活，侏羅山區除了生產康堤乳酪外，還以核桃聞名，每年十一月的新鮮核桃上市，不管是沙拉、糕餅或直接烤食，都是當地飲食的大事，冬天的名菜中也有像瑞士一樣的乳酪鍋，但放在鍋裡的是康堤乳酪。

離貝桑松南邊不遠有個小村落叫莫爾托（Morteau），還用傳統製法出品傳統的豬肉香腸聞名，此款煙燻香腸配侏羅黃酒特配，一口酒一口香腸吃來很開心，如果有空去莫爾托走走，不妨拜訪一家四代相傳的香腸與火腿製造工坊Adrien Bouheret，這裡用的是本地飼養的土豬，豬肩肉與海鹽製成的煙燻豬肉香腸，當地的吃法是與新鮮馬鈴薯一起煨煮，冬天則有一道用火腿、高麗菜和小茴香一起同煮的名菜。

如果是乳酪愛好者，不可錯過也離貝桑松不遠的另一小村波利尼（Poligny），這裡有幾家很出名的本地乳酪製造工坊，像名為Fromagerie de Plasne是一家手工做康堤乳酪的工坊，這裡的農民仍然一年三百六十五天每天清晨六點就起來擠最新鮮的牛奶製成四十五公斤大的圓形乳酪。

另一家叫Arnaud Frères，是專門儲存康堤乳酪，並定時為乳酪翻面的工坊，康堤乳酪要經六個月的熟成才可上市，如果對更多本地乳酪有興趣的美食愛好者，也可去這家老闆開的另一家乳酪舖，位於波利尼市中心的國家廣場（Place Nationale）上，這裡販賣各種侏羅酒、乳酪和香腸，乳酪除了康堤外，還有外地少見的Morbier、Bleu de Gex乳酪，以及更稀有的，只在冬天限定販售的Vacherin Mont-d'Or。

波利尼小村還開了一家乳酪博物館，專門展示康堤（Comté）乳酪的製作過程和器具，博物館還可安排旅客拜訪一些康堤合作社。

侏羅酒鄉，是一般來法國的旅客較少知道也比較不會拜訪的地方，但這裡也因此比較安寧，可以親近當地人的生活和飲食，我在法國旅行久了，越來越懂得要避開太熱門的觀光地區，從我第一回到侏羅，以及

後來兩次的重遊，都在這一帶的小城小村享受到非常美好寧靜的旅遊之樂，這裡的食物也許不夠花俏，卻充滿了土地和常民的滋味，侏羅之美好就在小巧而隱祕。

德國萊茵高和莫塞爾河：
尋覓麗絲琳情人

Rheingau & Mosel | Germeny

對酒的喜愛，如同對情人，有時是會情人眼裡出西施的，我特別著
迷的白葡萄酒是德國的麗絲琳，尤其是萊茵河地區及莫塞爾河地區
的酒。

每到夏天，我就會喜歡喝白酒，總覺得白酒讓夏天變得特別清涼明亮。尤其喜歡在夏天的午後，躺在大樹下，看著白花花的光影和樹葉嬉戲著，微風吹起，此時從野餐籃中拿出冰鎮的白葡萄酒，配上乳酪、水果，覺得幸福無比。

入夜後，喜歡在正式的晚餐前，喝上一杯透涼的白葡萄酒，站在有風的陽台上，享受夏日的醺然。之後，如果吃的是沙拉冷盤之類的輕食，白酒就可一直喝下去，要不然就換上一瓶粉紅酒，配上番茄燉雞肉或檸檬煎魚這樣夏日清淡的菜式。

在白葡萄酒中，法國布根地的夏布利（Chablis）白酒一向很受好評，日本人最喜歡這款白酒，覺得夠辛夠干，不會搶味，很適合佐配生魚片、貝類等日本料理。

夏布利是用夏多內（Chardonnay）葡萄品種所釀製而成的。這大概是全世界最受歡迎的白葡萄酒品種，不管是南非、澳洲、美國加州的納帕（Napa）與索諾瑪（Sonoma），都生產聞名於世的夏多內葡萄酒，口味相似卻又各具風味，雖然喜愛法國夏布利的人，總堅持夏布利才是最正宗的夏多內，我卻止於喜歡，未對她一往情深。

對酒的喜愛，如同對情人，有時是會情人眼裡出西施的，我特別著迷的白葡萄酒是德國的麗絲琳，尤其是萊茵河地區（Rheingau）及莫塞爾河（Mosel）地區的酒。

我第一次喝麗絲琳（Riesling）白葡萄酒，是在德國萊茵河（Rhein）一帶旅行的時候。那時我的品酒經驗已經稍有成績，去過波爾多、布根地酒鄉，也去過納帕與索諾瑪酒鄉，自認喝過不少好的白酒，也比較過夏多內、密斯卡岱（Muscadet）及白蘇維濃（Sauvignon Blanc）等品種的白葡萄酒。

但當我在萊茵河酒鄉時，酒莊老闆拿來一瓶麗絲琳，才開瓶，奇異芬芳的果香味立即飄散入鼻。我從未聞過如此芬芳的白酒，喝下感覺微甜，但口感十分豐富，彷彿一整個果園的滋味都化作一口白葡萄酒。

麗絲琳一直是被低估的酒，有人說主要原因是德國人不像法國人那麼會做生意，即使是特級的麗絲琳都賣得不貴，不像特級夏多內白酒常常價格不菲。

麗絲琳的酒色泛著金光，有如秋光，十分好看，但不懂包裝的德國人卻把這種酒放入綠色或藍色、褐色酒瓶中，使得酒色看來一點都不誘人（雖然很實際，褐色、綠色都比白色易於擋光）。這點實在詭異，德國人的酒瓶形狀醜、顏色怪、標籤設計古怪、酒名也不雅（竟然有酒名叫「豬肚」、「地獄」及「驢皮」的），美好芳香、誘人的麗絲琳就這樣毀在食古不化的德國酒莊主人手中。

悠遊萊茵河酒鄉

萊茵河酒鄉是德國歷史最悠久的酒鄉，早在古羅馬帝國時期，這裡就是帝國在歐洲大陸種植葡萄釀酒的最北疆界，古羅馬人發現萊茵河流域的風土條件極為優異，首先，萊茵河河道寬廣、河面平坦，加上河身長度近千公里，經過的酒鄉村鎮又多，利於通航運酒，再加上在河右岸向陽處的葡萄園海拔適中，又對著日照，而近河處反射在河面上的日光帶來的暖空氣，給位於極北的萊茵寒冷地帶增加了溫暖度，此區還有山脈阻擋刺寒北風，秋季河上起霧所引發的貴腐黴菌，反而造就了珍貴的貴腐葡萄。

早期德國的葡萄酒都以木桶形式儲存運送（全世界早期裝酒都是以陶罐或桶，之後才有瓶裝），萊茵河酒鄉是德國最早以瓶裝販賣頂級葡萄酒的地區，從十九世紀末，萊茵酒鄉的葡萄酒就成為德國葡萄酒的代表，而這裡豐富深厚的釀酒傳統，可是從古羅馬人到查理曼大帝到聖本篤修會、熙篤隱修會等血脈相傳，一直到今天，萊茵河流域酒鄉的葡萄園仍是德國種植面積最廣的（約三千多公頃），葡萄酒莊也多達一千多家，以麗絲琳為主，占據了百分之八十的產量，是世界上最大的麗絲琳

單一產區。

　　位於萊茵河酒鄉的蘿特蘭（Rottland）酒村，主要種植麗絲琳，出產特級的麗絲琳葡萄酒。麗絲琳白酒被許多人認為是德國最好的酒，品酒大師把麗絲琳與夏多內並列世界最佳的白葡萄酒品種，如果是用「雙姝」來形容這兩種酒，夏多內清爽剛健，如帶英氣的女子；麗絲琳則清甜活潑，是帶靈巧的女子，有特殊的果香，酒體細緻精巧。

麗絲琳最適宜搭配東方菜系

　　有一次看到一位德國酒人寫的文章，提到麗絲琳最適合搭配亞洲菜（日本、中國、泰國等），讓我當下如獲知交。我也一向認為搭配東方菜系最適宜的就是麗絲琳，因此不管在國內國外，只要我請吃東方菜，一定選麗絲琳。

　　人的味覺很奇怪，有的滋味過口後便留下記憶，有的卻留不住。麗絲琳的味道，我從第一次試飲後，便留住了味覺的記憶。有記憶就會有渴望，像對舊情人一樣，如果你滿腦子都記得清清楚楚，情感的熱度就還在，但當印象日漸模糊時，就真正忘得一乾二淨了。在我唇齒間留下芳香記憶的麗絲琳，如今仍被我珍惜著，但昔日曾和我一起共飲麗絲琳的情人，我卻連他的模樣都記不清了。原來人可以對酒一往情深，對人卻隨因緣流轉讓舊情消逝。

莫塞爾河酒鄉之旅

　　第二次遊德時，我就專程計畫了一趟莫塞爾河（Mosel）酒鄉之旅，以好好品嘗一下麗絲琳。莫塞爾河是萊茵河的支流，自法國發源，流經盧森堡，而後會合萊茵河。莫塞爾河沿岸有許多古老的村莊，如德國最古老的村莊特里爾（Trier）。這些村莊都保留許多古城，一路遊覽

令人發思古之幽情。

莫塞爾河重要的葡萄酒產地在中游一帶的伯恩卡斯泰（Bernkastel），以及東邊的科赫姆（Cochem），至於葡萄酒集散地則以特里爾為主。

我先到了伯恩卡斯泰，那裡保留有許多傳統的木造房子，人口不多，許多人都做著和麗絲琳相關的生意。市政府前的美麗廣場旁有不少酒館，都擺著麗絲琳酒瓶。我隨意走進一家，請侍者為我介紹一款酒，配上當地有名的白酒香料清蒸河鯉，吃來真是唇齒生香。

第二天我去參觀附近的酒鄉，一路風景優美，河水清澄，仍有一種中世紀的田園牧歌情調。這樣的自然、人文薈萃之地，怪不得會出產好酒。在德國，生產高級的麗絲琳，就以莫塞爾河及萊茵高產區為主；在我的經驗中，凡是買到標有這兩地出產的麗絲琳，味道都不會太差。但是如果是其他地方出產的，則常常品質不穩定，極容易失望。原因是很多地方並非真正的麗絲琳，只是隨便掛上這樣的字眼。白葡萄酒，就如西班牙里歐哈酒（Rioja）一樣，都是被低估的酒，由於濫竽充數者多，真正的好酒反而被埋沒，真是可惜。

全球暖化效應，反而對德國的麗絲琳酒有所助益，年年增溫的夏天，使得麗絲琳白酒的產量與品質俱增，唉！真是失之東隅，收之桑榆。

我特別喜歡用莫塞爾的麗絲琳配台灣菜，如糖醋排骨、煎豬肝、酸菜豬腸等等，為什麼呢？後來我想是因為德國菜中也有酸甜包心菜和大量的豬肉、豬內臟，夏多內雖然清雅，就只宜清淡的生蠔、海貝、清蒸海鮮，物各有性，我平常吃台菜總比西菜多，當然偏愛麗絲琳。

我常在台北各家酒館詢問，是否有莫塞爾河的高級麗絲琳，得到的答案都是，上品的麗絲琳不容易賣得好價錢，因為識貨者少。有時想想，像一些從事創作工作的人，不是也常常覺得自己精心的作品，有時不容易暢銷，不也是因為識貨者少嗎？也許，日劇《葡萄酒專家》中那

個最會為客人挑選最適合酒款的酒侍，若是遇到了我，也會為我選上一瓶頂級麗絲琳吧！

奧地利的
白與紅

Gumpoldskirchen | Austria

奧地利的葡萄酒因地處冷涼地帶，原生品種綠維特利納等白葡萄品種，獨特又便宜，使得知味者越來越多，形成了所謂的「Grüner Veltliner」風潮，所謂的酒配地食，吃奧地利菜配原生品種酒。

我其實很早（一九九一年）就去過奧地利盛產新酒的酒鄉，但當時酒齡尚淺的我，迷的是老年份的酒，自然輕忽了每年秋收後在酒村的小酒館門上掛上一把綠色灌木植物，代表新酒季節開始的暢飲新酒儀式，只當成旅遊活動，尚未深究其意。

後來酒齡日深，喝過許多老年份酒，也喝過法國薄酒萊（Beaujolais）的新酒和隆河谷（Rhône）的新酒後，慢慢對新酒產生了好感，因為新酒代表的是人類和酒的初戀，在早期釀酒、存酒的技術還不發達時，人類有幾千年的時間喝的都是新酒。

新酒季喜悅的心情

新酒季都在秋日葡萄採收完成後，在秋末冬初釀造出第一批新酒時舉辦，新酒季一直有種狂歡的氣息，酒農們一年最辛苦的農作期已經告一段落了，可以和全村的人一起相互祝賀老天的賞賜，酒神戴奧尼索斯（Dionysus，羅馬稱巴克斯Bacchus）狂飲葡萄酒喝得醉醺醺的姿態，表現的就是在新酒季的喜悅心情。

我最早去的奧地利新酒酒鄉，位於首都維也納南方的貢波爾德斯基興（Gumpoldskirchen天哪！真難翻譯），這裡是著名的酒館村，這裡的新酒多是以紅基夫娜（Rotgipfler）和津芳德爾（Zierfandler）的葡萄釀製的白葡萄酒，口感清冽、滑順，帶著芬芳的果香和果酸味。

奧地利因位於中歐偏北，氣候比較涼爽，早期奧地利的葡萄酒多以白酒聞名，在新酒季中像喝啤酒般暢飲的白酒，配上熬煮得軟爛的清燉包心菜馬鈴薯豬肉，一直被奧地利人視為無上的享受。

奧地利鄉下的小酒館，本來的傳統是不會天天開門的，因為小酒館的主人亦是酒農，平常要忙於農作，只有在農閒時的新酒季節才開張，但因為這樣的新酒酒館太受歡迎了，有的酒農也就轉換跑道當起專職酒館主人了，變成一年四季的行當，同理，本來只在酒鄉才有的酒村小酒

館，也在城裡出現，不僅賣新酒也賣起各種年份的酒。

奧地利的葡萄酒因地處冷涼地帶，一直較適合種植麗絲琳（Riesling）和奧地利原生品種綠維特利納（Grüner Veltliner）等白葡萄品種，尤其是原生品種又獨特又便宜，使得知味者越來越多，經本地餐廳大量推廣後，形成了所謂的「Grüner Veltliner」風潮，所謂的地酒配地食，吃奧地利菜配原生品種酒，相形之下，價格較高的麗絲琳近年來較不受青睞，因為不管本地或外地酒客都覺得要喝麗絲琳不如喝德國莫塞爾河（Mosel）流域的。

紅酒細緻優雅、層次豐富

我在幾年前早冬重返維也納，這一回可是專程來喝新酒與更進一步了解這個過去被我忽略的葡萄酒國度的。首先我發現因全球溫室效應造成的氣候變遷，地處冷涼地帶的奧地利夏日氣溫逐年上升，過去十年間開始有不少表現良好的紅葡萄酒，其中表現特別出色的紅葡萄品種有聖羅蘭（St. Laurent）、藍佛朗克（Blaufrankisch）、茨威格（Zweigelt），還有一些規模更小，但富有地方特色的紅基夫娜（Rotgipfler）、弗明（Furmint）、布維爾（Bouvier）等葡萄品種。

近十多年來，奧地利酒廠一直相當關注如何開發在較涼爽地方種植紅葡萄品種釀製的紅酒，這樣的紅酒也許不夠熱情濃郁，卻往往會表現出較細緻優雅、層次豐富，此現象造成了奧地利酒界的紅酒復興之說，但也有人憂慮，當奧地利越來越熱……有氣象學家估計五十年後奧地利也可以種希哈（Syrah），大概就種不出好的白葡萄了。

奧地利的幾個重要酒鄉，如前面所提的貢波爾德斯基興（Gumpoldskirchen）和布根蘭（Burgenland）、坎普塔（Kamptal）、克雷姆斯塔（Kremstal），都離維也納不算遠，貢波爾德斯基興以白酒著名，布根蘭氣候較溫暖，適合紅酒和貴腐酒，坎普塔和克雷姆斯塔都

以白酒出名，尤其精於生產頂級酒，都是奧地利綠維特利納（Grüner Veltliner）和麗絲琳的DAC（品質保證）的產區。

料理融合貴族的精緻與農人的樸實

在中歐旅行時，我一直覺得奧地利的食物最好吃，原因可能是奧地利的歷史比德國悠久繁榮，受哈布斯堡王朝千年統治的奧地利，飲食文化上一直與四方皇朝交流，既有義大利、西班牙、法國的薰陶，又有匈牙利、土耳其的影響，和俄國、波蘭、德國也不時互動，形成奧地利飲食豐富又融合的特性，喝過德國、捷克濃湯，都會有種打翻鹽罐子之感，奧地利湯卻濃淡適中，而奧地利的食物也在貴族的精巧與農人的樸實間取得了平衡，不像法國菜那麼華麗，卻也不像德國菜那麼簡單，而糕點更是奧地利（尤其是維也納）的絕活。今天法國糕點的地位其實是源自維也納的傳承，用奧地利的貴腐葡萄酒配薩哈蛋糕（Sacher Torte）亦是一絕。

義大利皮埃蒙特
慢食之旅

Piedmont | Italy

初次拜訪皮埃蒙特的首府杜林，真是為這座城的華美與頹敗共聚一體而驚訝，城裡到處是美麗卻破落的巴洛克拱廊、廣場，巨大的咖啡廳可以遙想昔日的繁華，杜林並非你一眼就會愛上的城，但相處久了，卻也會發現此城的內蘊頗深。

皮埃蒙特（Piedmont）是我較晚才去探訪的義大利地區，早年我在義大利旅行，走遍托斯卡納省（佛羅倫斯、比薩、席恩那）、維內托省（威尼斯、維琴察、帕多瓦）、拉齊奧省（羅馬）、坎佩尼亞省（那不勒斯）、倫巴底省（米蘭、曼多瓦）、艾米利尼祿曼涅省（波隆納、帕瑪、費拉拉、拉文納）、利古里尼（熱那亞），一直到八年前，我都不曾踏足皮埃蒙特的首府杜林（Torino）與周遭地區，為什麼？主要是因為早年讀義大利歷史、地理資料時的印象，一直認為皮埃蒙特是義大利工業的家鄉，我對工業城向無好感，自然不會在安排旅行計畫時專程前訪。

但後來因為義大利享譽國際的慢食運動（Slow Food）的關係，讓我開始踏上了皮埃蒙特的旅途，也因此深入認識到了皮埃蒙特聞名的美食與美酒。

杜林是皮埃蒙特的首府，也是義大利慢食運動的國際總部所在地，每兩年一次舉辦國際慢食的展覽會，慢食運動是以推廣烹飪藝術，發揚本土食材，保護食物環境生態的理念為中心，絕非只是好吃、大吃、慢慢吃的倡議者。

北義雙B：Barolo、Barbaresco

慢食總部之所以設在杜林，除了因慢食運動的主席是皮埃蒙特人，也因皮埃蒙特省一直是義大利北部著名的酒鄉和食材產地，義大利葡萄酒中有兩個高貴名酒號稱北義雙B，一是被世人所讚譽的酒中之王巴羅洛（Barolo）紅酒，另一是巴芭瑞斯科（Barbaresco）紅酒。

義大利葡萄酒有一特色，即葡萄品種特多，每個地區都有當地的特色品種，因此在不同的地區不容易喝到口味相近的酒，像巴羅洛（Barolo）和巴芭瑞斯科（Barbaresco）用的葡萄是皮埃蒙特著名的內比奧羅（Nebbiolo）葡萄，這個品種被認為是世界上最好的精品葡萄之

一，因為有足夠的單寧，可以釀出有陳年潛力的酒，此葡萄的採收期較晚，從葡萄名稱的字頭Nebbia（意思是晚秋的霧），就知道此葡萄要經過晚秋的霧氣浸染，但晚秋天氣亦較不穩，使得葡萄採收不易，也讓此款葡萄更顯珍貴。

巴羅洛（Barolo）是酒名，指的是用內比奧羅葡萄在巴羅洛村莊釀造的酒，巴羅洛酒一直被酒界人士形容為口味很高尚的酒，酒齡不夠的巴羅洛會有單寧硬口之感，但經過時間的沉澱與催化，味道會變得柔美、溫和，此時入口就會感到如義大利北方的仕紳般有種成熟、優雅的風韻。

巴芭瑞斯科（Barbaresco）在十九世紀以前都是以巴羅洛的名義銷售，但後來出了個被稱為巴芭瑞斯科之父的卡華沙博士，成立了巴芭瑞斯科葡萄酒生產協會，大力改進巴芭瑞斯科的品質，使得巴芭瑞斯科打響了自己的名號。如今巴芭瑞斯科的酒品質絕不輸巴羅洛，但價格更公道。

除了用內比奧羅（Nebbiolo）葡萄釀造的高級北義雙B紅酒外，皮埃蒙特也有較平價的日常酒，例如用多切托（Dolcetto）葡萄釀造的Dolcetto（既是葡萄名也是酒名）紅酒，以阿爾巴（Alba）產區最著名，此酒的單寧較淺，較容易上口，果香明顯迷人，是可以在年輕時就飲用的酒。

另一款也適合在年輕時喝的紅酒是Barbera d'Asti，指的是在Asti地方用芭貝拉（Barbera）葡萄釀造的紅酒，這款酒又被稱為北義的農民酒，早期因酸味過強而評價低，十九世紀經改良後增強了豐厚的果香，又降低了酸度，使得此酒變成有優雅微酸、但果香芬芳的中級酒，對於不想花太多錢飲用北義雙B的人而言，芭貝拉（Barbera）和多切托（Dolcetto）也是很好的選擇。

除了以上這四款紅酒外，皮埃蒙特亦以白酒聞名，例如以阿涅絲（Arneis）葡萄釀造的白酒Cecu Roero Arneis，充滿了水果的香氣和蜂蜜

的清甜。另外還有一款出名的常見微甜起泡酒Moscato d'Asti，則是以麝香葡萄（Moscato）葡萄在阿斯提（Asti）釀造的酒，是義大利旅行時很容易見到人們在喝的開胃酒。

阿爾巴Alba：酒鄉古鎮

在皮埃蒙特做美食與美酒的旅行，有兩個最重要的酒鄉古鎮一定得拜訪，一個就是阿爾巴，生產巴羅洛（Barolo）和巴芭瑞斯科（Barbaresco）的酒莊產區都在阿爾巴附近，住則要住在阿爾巴城裡，再四處去尋訪酒鄉。

阿爾巴是北義著名的美食美酒之鄉，這座中世紀的小鎮以昂貴又珍貴的白松露聞名於世（義大利的白松露可比法國的黑松露更貴），每年十月初到十一月初的四個周末，阿爾巴都會在鎮上的廣場舉行白松露市集。參加阿爾巴的白松露節，大啖撒在牛排上的白松露，再配上巴羅洛紅酒，是北義人心目中最頂級的美食美酒體驗。阿爾巴旁邊的蘭吉（Langhe）村落，是探訪巴羅洛和巴芭瑞斯科酒鄉的中心，Castello Grinzane Cavour酒莊裡的酒窖，有著豐富的雙B藏酒。

離阿爾巴西邊不到十五公里處，有一小鎮普拉（Bra），人口不過兩三萬，這裡是慢食運動的發源地，也是慢食總部之下美食知識大學的所在地，每兩年會舉辦一次為期三天的乳酪節。

阿斯提Asti：氣泡酒鄉

皮埃蒙特有雙B名酒，也有雙A名鄉，除了阿爾巴外，阿斯提也是皮埃蒙特重要的美食美酒之鄉，阿斯提對於義大利人就像香檳對於法國人，既是地區亦是酒名。阿斯提是義大利最重要的氣泡酒鄉，這款略甜的白葡萄氣泡酒，是義大利最受歡迎的開胃酒之一，適合配義大利臘

腸、乳酪和小三明治，每年九月，阿斯提會舉辦「Asti酒節」。

杜林Torino：世界上最美之城

到皮埃蒙特一遊，除了酒鄉蘭吉（Langhe）村和阿斯提（Asti）、阿爾巴（Alba）和普拉（Bra）幾個小鎮外，首府杜林當然也要好好一遊。杜林歷史很早，早在羅馬殖民時期就建城，最輝煌的時代是在十八世紀由奧地利薩伏伊（Savoy）王朝統治期間。我對杜林最早的印象是年輕時看德國哲學家尼采的書，尼采曾提過杜林是世界上最美之城（當然，尼采去過的城市並不多）。

在二次世界大戰期間，杜林受創甚深，我初次拜訪杜林，真是為這座城的華美與頹敗共聚一體而驚訝，城裡到處是美麗卻破落的巴洛克拱廊、廣場，巨大的咖啡廳可以遙想昔日的繁華，但二戰後草草建設的現代建築卻也很突兀，杜林並非你一眼就會愛上的城，但相處久了，卻也會發現此城的內蘊頗深。

若懂得避開觀光陷阱，城裡也有不少賣皮埃蒙特鄉土菜的小館，皮埃蒙特是義大利重要的米區，可吃到有名的奶油乳酪燉飯（Risotto alla piemontese）、蝸牛料理、皮埃蒙特溫沙拉、肉湯等等，杜林亦以各種巧克力出名，如奶油巧克力、榛果巧克力、酒心巧克力等等。

因為受奧地利和法國的咖啡文化影響，咖啡館也是杜林的特色，城裡有不少老字號大小的華麗咖啡館，如Caffè San Carlo、Caffè Mulassano、Baratti & Milano、Platti、Caffè Torino、Caffè Al Bicerin、Caffè Elena等等，都是建造於十九世紀初至二十世紀初的老咖啡館，許多都有華美的吊燈、美麗的壁畫、精細的繡緞等等彷彿古典劇場的背景，加上美味的義大利咖啡，使得杜林成為不輸給巴黎、維也納的咖啡之都。我在杜林旅行期間，最美好的回憶就是坐咖啡館，不只是喝咖啡，有時也叫上一杯阿斯提開胃酒或名貴的巴羅洛。

我邂逅皮埃蒙特較晚，卻也了解到義大利真是個豐富的國家，每一地區獨特的文化都可讓人入迷。

蒙塔奇諾的
曠世美酒

Montalcino | Italy

在托斯卡納人心目中，地酒要配地食，布魯內諾酒就該配托斯卡納無鹽麵包、野豬肉香腸、燉豆子等等鄉土菜才適當啊！

義大利中部托斯卡納地區的山城蒙塔奇諾（Montalcino）鄰近義大利古城席恩那（Siena），在中世紀時曾是個有名的葡萄酒產區，因為當時席恩那是義大利最富庶的城市，被喻為中世紀的華爾街，席恩那開創了銀行制度，專門為教皇發行債券及兌換貨幣，而和席恩那同盟的蒙塔奇諾美酒，自然也成為達官貴人飲宴的首選。

但席恩那有個競敵，是後起之秀的佛羅倫斯（Firenze），後來的歷史發展大家也都該知道，佛羅倫斯不僅會借錢給教皇，還跟東方的君士坦丁堡做香料、絲綢、皮革的貿易，賺了大筆的錢後請各地的傭兵幫他攻打席恩那，死的都是傭兵，但席恩那死的可是自己人，幾場戰爭打下來，終於打敗了席恩那，也造成了席恩那日後數百年的衰落，直到一九七○年代，席恩那的人口竟然還沒一五○○年多。

但我們要說的故事，並不是席恩那，而是和葡萄酒有關的故事，席恩那沒落了，影響了蒙塔奇諾，達官貴人不再和蒙塔奇諾買酒了，葡萄園荒廢了，美酒產地之名被和佛羅倫斯同盟的奇揚第（Chianti）所取代，這就是為什麼在一九九○年之前，托斯卡納（Toscana）最有名的葡萄美酒是奇揚第了。

葡萄酒的故事從來不只是農業和科技、文化的故事，也是經濟和政治的故事，美國納帕的葡萄酒從一九七八年拿到了法國葡萄酒世界大賽的盲試首獎，到今日大舉收購法國、義大利的知名酒莊，靠的當然不只是風土、釀造技術等等，最重要的力量是來自美國廣大的市場及跨國資本運作的政經系統。

奇揚第從中世紀到近世取代了蒙塔奇諾也是一樣的故事，佛羅倫斯是現代資本主義及全球化經濟的前哨，佛羅倫斯人喝的奇揚第葡萄酒也自然成為舉世追求的美酒的代表。

在一九七○年之後，隨著席恩那旅遊業的逐步復興，蒙塔奇諾在一群葡萄酒專家的勵精圖治之下，大家發現荒廢了四百年的農園可比一直大量栽種葡萄的奇揚第地區的土地力要豐美許多，蒙塔奇諾仍保持

著中世紀的風土地力，再加上近代的釀造技術，終於成就了曠世美酒「Brunello di Montalcino」。

一喝驚艷的「布魯內諾」

我在一九九一年（想想已經是二十多年前的事了，時間過得真快啊！）首次到了蒙特奇諾喝到了知名的布魯內諾（Brunello），當時布魯內諾紅酒還是葡萄酒界少數人的Best secret，酒好但價錢不那麼貴，一瓶百來元美金的酒，水準並不輸法國波爾多、布根地某些三、四百元美金的溢美名酒。

布魯內諾紅酒的葡萄品種以山吉歐維西（Sangiovese）為主，有股櫻桃與紅李的果味，口味香醇，很適合搭配的餐點，是少數可以搭配魚卵與沙拉的紅酒，如釀造得宜，可產生非常強勁深邃的口感，也可以儲藏成為二、三十年的老酒。

二十年前第一次喝到布魯內諾，真是一喝驚艷，也覺得物美價廉十分划算，但後來遇到了當地的村民，聊起布魯內諾，他卻向我抱怨，說布魯內諾本來是他們當地人餐桌上的家常好酒，現在卻被外來人捧成名酒後越賣越貴，好多村民都喝不起了，或喝了要心疼荷包，尤其是觀光客把酒買回家後要配什麼餐呢？因為在托斯卡納人心目中，地酒要配地食，布魯內諾酒就該配托斯卡納無鹽麵包、野豬肉香腸、燉豆子等等鄉土菜才適當啊！

後來每次重回蒙塔奇諾，都發現這款酒越來越貴，尤其被美國酒評家帕克先生（Robert Parker）給了九十七分之後更身價大增，三年前最近一次去蒙塔奇諾，發現有的布魯內諾可以賣到七百美金了，世界上又多了一款精品葡萄酒了。

我想起了那位老村民，也越來越同意他的話，人不必天天穿精品衣裳，自己穿了累，別人看也累，衣服還是平常布衣穿了舒服，葡萄酒也

一樣，總要有些量小質美的在地小酒莊，提供美好不奢華的酒給當地人喝吧！

　　葡萄酒和食材都和風土密切相關，葡萄酒的精品操作卻往往只看到了經濟利益而忽略了在地文化，布魯內諾如今成為世界頂級酒客的收藏，但酒之心是否會覺得寂寞呢？當這款酒遠離了家鄉的餐桌與家鄉人的歡笑，布魯內諾是否正暗中哭泣？！

西班牙里歐哈的
新與老

Rioja | España

里歐哈的釀酒史可能上推至三千多年前，但近代的里歐哈葡萄酒業
的發展卻是從一百六十多年前開始，其時正值法國波爾多酒鄉大受
葡萄根瘤芽蟲病之害，不少波爾多酒商南下來到西班牙北邊，在此
釀造波爾多風格的新式上里歐哈葡萄酒。

二十年多前我開始在西班牙各地旅行，當時的西班牙才從佛朗哥政權脫離不久，仍然在歐洲各國中被視為比較不現代化的國家，和葡萄牙一起是一對土氣的歐洲難兄難弟。當年在西班牙旅行，貪戀的從來不是美食美酒，而是古老地混合了阿拉伯風情的文化、美術、音樂、舞蹈、建築等等。當時的美食除了鄉土的Tapas（餐前小吃）外，還沒有時髦講究的新式西班牙創意料理（如後來崛起的El Bulli分子料理），美酒就更別提了，當時流行著一句話：「西班牙酒就像西班牙男人一樣，入口時強烈帶勁，喝完後卻頭痛欲裂。」這是什麼道理？原因是當年西班牙酒不注重品質，大部分酒的雜質太多，才會造成痛苦的宿醉。

二十年前拜訪西班牙北方巴斯克（País Vasco）首府畢爾包（Bilbao），除了看古根漢美術館外，也為了吃出名的巴斯克料理，因為喝到了不少細緻美味的里歐哈酒（Rioja），我想不妨抽出幾日，順道去看看里歐哈酒鄉的風土。凡是迷戀葡萄酒的人，都知道影響葡萄酒最重要就是風土，沒有去過葡萄酒產區，只憑藉飲啜裝瓶後的葡萄酒，是無法完整領略出瓶中葡萄酒的風情的。

哈羅鎮上的百年酒廠

因為第一次里歐哈旅程的時間有限，我就近選擇了拜訪離巴斯克區較近的上里歐哈地區（Rioja Alta）西邊的哈羅（Haro）小鎮。哈羅鎮之所以被視為里歐哈的首府，有幾個原因，首先此鎮地處上里歐哈不少重要葡萄酒名園的中心，此外，交通便利，不僅有多線火車通巴斯克各地，還可通法國西南酒鄉重鎮波爾多。因為絕佳的地理位置，在歷史悠久的上里歐哈地區的十七家百年酒廠中，就有十一家位於哈羅鎮。

雖然有新出土的考古證據發現里歐哈的釀酒史可能上推至三千多年前，但近代的里歐哈葡萄酒業的發展卻是從一百六十多年前開始，其時正值法國波爾多酒鄉大受葡萄根瘤芽蟲病之害，不少波爾多酒商南下來

到西班牙北邊，在此釀造波爾多風格的新式上里歐哈葡萄酒。

經過了一百多年，新式上里歐哈葡萄酒已經變成了老派上里歐哈葡萄酒。由於上里歐哈酒採取波爾多酒商的調配法，可調出單寧強勁、酒體強壯、甜味低、色澤淡的紅酒，將這種酒存放在橡木桶中再進行瓶中陳釀，存放兩年以上的稱為「Crianza」，三年以上的則是「Reserva」，五年以上才可稱「Gran Reserva」，有的Gran Reserva則會陳年十到二十年才上市。里歐哈的Gran Reserva，是二、三十年前遊客在西班牙可以喝到的最好的酒。

西班牙葡萄酒文藝復興運動

二十年前里歐哈酒可說是獨霸一方，但隨著西班牙的經濟開放政策，在過去十五年，西班牙葡萄酒業可說是經歷了一個黃金年代鋪天蓋地的變化，西班牙酒農一改過去粗放輕忽的葡萄農作與隨意簡陋的釀酒設施與技術，重新投入了大量的資金與人力，成為全歐洲最狂熱、最有創意的產酒國，不只是老產區脫胎換骨，也誕生了許多新興富活力的酒區，後來出現了一句說法，即在西班牙，好酒並不等於老酒，許多三十歲的老酒都比不上才十歲的酒，原因即是十歲的酒來自富貴酒區，銜著金湯匙出生，自幼被精心照顧，但不少三十歲的老酒卻是出身草廬，被粗心對待長大的。

在這股西班牙葡萄酒文藝復興運動中，我曾拜訪不少新老葡萄酒產區，也喝到了不少美酒，但同時我也注意到里歐哈的葡萄酒聲名卻反而在慢慢下降中。著迷於西班牙葡萄酒變革與創新的外國旅客，一心想嘗遍當紅的新興名酒，有的才不過兩三年的新酒莊就紅極一時，此時如果有人還執著於里歐哈的Gran Rerserva，可是會被笑為老土食古之徒。

偏偏我一向是喜愛舊事物多過新事物的人，更喜歡舊瓶裝新酒的新舊融合。近年前我二度拜訪里歐哈酒鄉，這一回旅程計畫有限，可

慢慢重訪哈羅鎮，當時經過了從一九九〇年代後期和二十一世紀初期的勵精圖治，里歐哈酒鄉也展現一片榮景，哈羅鎮車站旁眾多的酒窖（Bodegas）夜夜充滿了歡笑的酒客，沿著車站迤邐而去的「車站區」Barrio de la Estación中，除了原有的百年酒莊如Bodegas Bilbaínas、Compañía Vinícola del Norte de España（CVNE）、Rioja Alta、López de Heredia等等，還有新式前衛的酒莊和Bodegas Roda、Torre Muga等。

哈羅鎮很小，逛起來很舒服，酒莊酒園都比法國的波爾多或布根地樸實親近。在這裡喝里歐哈名酒，雖然比十多年前貴，但比起法國酒來，里歐哈酒仍是物超所值，還沒因炒家染上浮誇之氣。

這幾年西班牙因歐債危機，聽友人說，里歐哈酒業也大受打擊，但我反而覺得，美酒不同於時尚，追逐的不是一時風頭，反而需要沉澱靜心，經過歐債風波，讓風頭上的西班牙酒業冷一冷也好，也許會讓里歐哈葡萄酒再上層樓。

陽光下的雪莉酒鄉
赫雷斯

Jerez | España

打扮老式的雪莉酒保，手裡拿著一米長的鯨骨長勺，頂端有一個銀質小杯，從陳年的雪莉酒桶中，在不破壞表面的酒花薄膜的情形下，舀出底下澄清的雪莉酒，倒入客人的酒杯中，真是美麗的儀式。

朋友夏天要到西班牙去，叫我建議行程，一般的大城如馬德里、巴塞隆納是不用他人提議的，我知道朋友好美食與美酒，又好閒適的生活，於是就的推薦了西班牙小鎮Jerez de la Frontera，世人都簡稱其為赫雷斯（Jerez）。

說赫雷斯是小鎮，指的只是地理空間的大小，但這個小鎮卻具有雙重的面孔，既有粗獷樸實的鄉野氣質，又有優雅世故的都會氣息。為什麼會這樣呢？這和這個小鎮的發展史有關。赫雷斯本來只是西班牙安達露西亞省鄰近大城賽維亞（Sevilla，開車約三十分鐘）的小地方，因為曾屬英國的波爾多被法國收回後，在波爾多釀酒的英國商人必須尋找另外的地方釀酒，而這批英商選中了葡萄牙的波特（Porto）和西班牙的赫雷斯（Jerez），但釀波爾多酒之事陰錯陽差地並未成功，卻誤打誤撞地為世界帶來了兩種特殊的紅酒，一是葡萄牙的波特酒，一是西班牙的雪莉酒（Sherry）。

老酒加新酒

雪莉酒就是當年英商選中了赫雷斯釀造的酒，為什麼英國叫這種酒Sherry？原來是當初來到異地的英國人無法用西班牙文發出以Jerez產地與出口港命名的Jerez酒，他們發出的音是「Sherry」，也從此雪莉酒聞名世界了。

雪莉酒是用曬乾的葡萄釀製而成的，在釀造過程中要加入白蘭地，酒精濃度比葡萄酒高，達到十六度或十七度，口味也較甜，一般用來當飯前甜酒，由於只喝一小杯，因此剛好達到助興的目的，而不致引人入醉。

英國人是雪莉酒的忠實客戶，早年社交場合必少不了此酒。我研究過此間道理，主要因為英國人大多生性謹慎，不主動、不輕易開口。在社交場合中，如果人人如此，如何社交得起來？而有人發現，只要主人

提供雪莉酒，一兩杯下去，包管話匣子打開。但英國人也夠自制，甜酒雖然容易入口，紳士淑女絕不會多飲，只喝到有興致交談為止。酒不會浪費太多，傷了主人荷包，客人更不會喝多，以免上餐桌後，壞了英國人最看重的餐桌禮儀。這種甜酒如果在餐前就給西班牙、義大利人喝，包准大家喝到醺然，還好拉丁民族吃飯像中國人，可以雙手並用，而不怕失禮。

我小時候看英國或美國電影，裡面常有不少人到了宴會或餐館中，這時總有人問他們：「要不要來點Sherry？」我聽了一直很羨慕。也許是因為「Sherry」名字好聽，又好記，像美女的名字，因此雪莉酒一直給我一種羅曼蒂克的感覺；喝雪莉酒的女人是南方《亂世佳人》中的郝思嘉，再不然也還是《欲望街車》中的白蘭琪，但絕對不會是《畢業生》中喝琴酒的怨婦。

長大後，當我喝到雪莉酒和琴酒，卻發現自己不喜歡雪莉酒的味道，而偏愛琴酒中杜松子的芳香。我心裡著實一驚，深怕自己日後會變成怨婦。還好，我有了機會去西班牙旅行，特別到了雪莉酒的原產地——赫雷斯，在那裡喝到十分純正可口的雪莉酒，這又燃起我對雪莉酒的舊時情懷。

雪莉酒的釀造*，十分特別，永遠是老酒加新酒；為了保持品質穩定，在橡木桶上都會用粉筆寫有像「1/456」、「1/528」等數字，指的就是當初該年份製造的酒有多少桶。如「1/456」即指「456」桶中的「1」桶，因此從一桶中舀出多少的量再加上不同年份的多少的量，可以年年釀出較接近的酒。

一百年的酒，聽起來挺可怕的，但因為雪莉酒總是老酒加新酒，因此並非整瓶酒都有百年歷史。而雪莉酒和波特酒有一點不同，即裝了瓶的雪莉酒，不會再在瓶中老化。因此百年的歷史就封存在瓶中。

赫雷斯是個很適合旅行者小住的地方，當地生活十分悠閒，到處充滿了享樂的氣氛，鎮上還有一所西班牙馬術學校，可比維也納皇宮內的

西班牙馬術學校要歷史悠久。為什麼兩地都有西班牙馬術學校？原來奧匈帝國的王子曾經被西班牙人請去當西班牙國王，就把受西班牙阿拉伯文化影響的馬術引進了維也納。

赫雷斯還有個西班牙聞名的海鮮市場，各式魚蝦貝蟹琳瑯滿目，如果在當地找得到小廚房，就可以洗手做出美味的西班牙海鮮湯或海鮮飯，自己若不能下廚，也別擔心，赫雷斯餐館的美食在安達露西亞很出名，尤其以海鮮食材的新鮮著稱。

當然，來到赫雷斯，真正的重頭戲是雪莉酒鄉，不管是葡萄園或酒莊都離赫雷斯很近，約二三十分鐘車程，就可到達一些出名的葡萄園，例如Carrascal、Torrebreba、Balbaina、Los Tercio等等。

雪莉酒分成辛烈Fino、柔順Cream、渾厚Oloroso等不同口味，在赫雷斯鎮上有不少名為「Bodegas」的，帶有古老酒窖的酒舖餐館，可以喝到各式各樣各種年份的雪莉酒，雪莉酒是安達露西亞人搭配西班牙小菜（Tapas）時最常喝的酒，而在所有的小菜中，最經典的搭配就是伊比利生火腿（Jamón Ibérico）。

難忘的伊比利生火腿

第一次來西班牙時，我就愛上了塞拉諾火腿（Jamón Serrano），這種火腿比較像義大利聞名於世的帕爾瑪火腿（Parma Ham），適合佐配哈蜜瓜、無花果或夾麵包吃。至於兩者相比較，雖然西班牙人不見得同意，但我認為帕爾瑪火腿比塞拉諾火腿要高一等，而帕爾瑪火腿則實在比不上伊比利生火腿，不過恐怕這一點義大利人和西班牙人有得爭。

伊比利生火腿價格十分高昂，因此總是現買現切，用一個木頭和鋼制的架子擺放著陳年火腿，再用鋒利無比的長刀，像削紙片般地削下薄薄一片又一片的風乾火腿。

火腿師傅削肉，就跟生魚片師傅切生魚一樣，要有一流的切工才

行。因此Tapas酒館的師傅，在切風乾火腿時絕不多語，總是全神貫注。而削下的火腿薄片，薄如一層透明紙，泛著紅漬漬的油光，吃進口絕不油膩，滋味新鮮卻又豐富，完全把豬肉變成另一種神奇食物。吃伊比利生火腿時，不用搭配其他食物，純粹單獨品嘗，一口一口吃下醃肉在時間中變化的祕密。而如果搭配上陳年的雪莉酒，每一口吃的都是歲月造就的奇蹟。

風乾火腿必須用安達露西亞高山放養、吃橡樹子長大的土豬後腿肉，用鹽為醃料，每月都揉搓上料，再吊起來瀝油風乾，兩年後才可食用。而最高級的陳年生火腿是六年陳，這時風乾生火腿已經羽化登仙了，薄薄一片可透光的紅豔豔火腿，吃在口中滋味不可思議。

在Bodegas酒館中，常可以看到打扮老式的雪莉酒保，穿著無袖黑上衣，手裡拿著一米長的鯨骨長勺，頂端有一個銀質小杯，從陳年的雪莉酒桶中，在不破壞表面的酒花（Flora）薄膜的情形下，舀出底下澄清的雪莉酒，倒入客人的酒杯中，真是美麗的儀式。

赫雷斯離安達露西亞首府塞維亞（Sevilla）很近，在赫雷斯住夠了，也可去塞維亞小住，看天主教大教堂、回教塔、猶太迷宮巷弄、阿拉伯宮殿庭園、萬國博覽會遺址、歌劇卡門中描述的火柴工廠、佛朗明哥表演等等，還可以每天繼續不斷地喝雪莉酒吃Tapas。

編注：

＊ 雪莉酒的釀造：擁有其獨特的「Solera」陳年方式，這種方法是把成熟過程中的酒桶分 數層堆放（堆棧層數每個酒廠都不太一樣，最少的有3層，最多可至14層），越上面的越年輕。裝瓶時會從最下層存放最老的酒桶中抽取酒液，再從上一層的酒桶中抽取酒液補充進下一層的酒桶，這樣層層補充混合的方式，成為雪莉酒特有的陳年循環系統，也讓裝瓶的雪莉酒可以融合老酒和新酒，一直保有永恆美好的風味。

輕舟漫遊
波特酒鄉

Porto | Portugal

葡萄牙常被稱作歐洲的鄉村，波特酒鄉有鄉村的閒適慵懶，卻也有
曾經見過盛世的滄桑世故，來這裡要懂得放慢腳步、放下心事，慢
慢地飲酒小樂一番吧！

葡萄牙波特酒（Porto）和西班牙雪莉酒（Sherry）兩者都是加烈紅酒（即在紅酒釀造過程中加入白蘭地阻止其繼續發酵），創造出這兩種酒的人都是來自法國波爾多的英籍酒商。波爾多原是英國的殖民地，早期波爾多的葡萄酒業多控制在世代的英國家族手中，但在英國喪失了對波爾多殖民的控制，與後來波爾多適逢葡萄樹蚜蟲病的肆虐後，有些英籍酒商便南下另覓新天地，位於葡萄牙北方杜羅河口（Duero）的波特港（Porto）與西班牙安達露西亞的濱海小鎮赫雷斯（Jerez）就成為當年的新興酒區。

但因為葡萄種植與釀製和風土關係甚密，不管是波特或雪莉，都不適合釀造可以取代波爾多的紅酒，反而意外釀造出兩款美麗而嫵媚的加烈甜紅酒。

在十八、十九世紀至二十世紀初，不管是波特酒或雪莉酒都曾在英國與受英國文化影響的地區（如上海、香港、德里、孟買）紅極一時，通常英國人喜歡把雪莉酒當飯前開胃酒，把波特酒當飯後消化酒。這種飲法頗有道理，雪莉酒即使是陳年幾十年的老酒，仍頗具熱情活力，適合當前戲；而陳年波特卻重在深厚，需要緩慢溫存，而西葡兩國人的個性竟然也與此二款酒異曲同工，雪莉所在的南方西班牙人以熱情聞名，但波特所在的北方葡萄牙人卻以沉穩著稱。

我對波特酒最早的印象，始於青少年時和父親去香港吃到的葡萄牙缽酒牛排，「缽酒」是香港人給波特酒的譯名。當年我還小，沒機會在飯後喝一杯缽酒，但從牛排中淺嘗缽酒之味，卻因此對遙遠的缽酒國度葡萄牙興起了浪漫的憧憬。

第一次到葡萄牙，一般人都是在南邊的首都里斯本（Lisboa）附近玩玩就夠了，但我卻非得要坐上當年還有點慢的國鐵火車，前往最北方的港口城市波特，目的當然是為了一訪波特酒的酒鄉波特港。如今二十年過去了，波特港不僅是我每次到葡萄牙必去的地方，也被我身邊不少酒友視為不可錯過的浪漫酒鄉。

波特港位於杜羅河出大西洋的河口，是個非常彎曲、高低起伏、紅褐灰白雜色建築交陳的美麗港口城市。這個城市的繁華因波特酒的外銷而起，港口邊有許多老舊倉庫上面都掛著波特酒大酒廠的招牌。波特小城內有許多專賣波特酒的酒舖，但酒廠都在沿著杜羅河的內陸丘陵山地，當地有不少葡萄牙酒廠舉辦的杜羅河小舟漫遊酒園之旅，在小舟上不僅可飽覽兩岸旖旎的葡萄園風光，還可在舟上享受波特酒與乳酪、臘腸輕食。

　　杜羅河兩岸的新舊酒廠很多，除非專門研究或從事波特酒業的人士，一般好奇酒友選擇拜訪的波特酒廠不出幾家，無非最早的、最有名的、最大牌的，例如一六七〇年葡萄牙創立的第一家波特酒商沃士（Warre's），在杜羅河谷擁有五家酒廠，位於皮尼奧（Pinhão）河谷的卡娃蒂哈莊園（Quinta da Cavadinha）主要生產年份波特酒，沃士酒廠在海外的知名度較弱，但自有不少酒客喜歡此酒廠特別細微優雅的老派釀製風格。

　　一六九二年設立的泰勒（Taylor's）酒廠，一看名字就知道其英國淵源（Taylor是英國的大姓之一），這家波特酒廠在許多波特愛好者心中屬於首選地位，地位如同波爾多酒中的拉圖堡（Château Latour）。泰勒酒廠以年份波特酒聞名於世，由於其歷史悠久，酒廠中保存了甚多上世紀好年份的原酒，光從一九〇〇年到今日，酒廠就調和了二十八個年份酒，這些年份酒通常要等到三十年以上才開始適飲，我自己就曾買過一批一九七〇年前後的泰勒年份（Taylor Vintage）波特酒，在千禧年後陸續開瓶，而這些陳年佳釀深厚圓熟的滑膩風味也迷惑了不少與我共飲的好友。

　　蘇格蘭酒廠葛拉漢（Graham）家族在一八二〇年創立的葛拉漢（Graham）波特酒廠，可以說是杜羅河谷地方最大的旗艦酒廠，擁有最寬廣的葡萄莊園，由於產地大，葛拉漢雖不像泰勒以混合年份波特酒地位著稱，卻可以出產不少單一年份波特酒，葛拉漢的波特酒的風味不若

泰勒那般圓潤老熟，而以濃郁剛勁的酒體見長。

　　品嘗及選購波特酒，必須先對波特酒的類別有基本的了解，波特酒可分為Ruby（紅寶石）、Tawny（陳年）、LBV（晚裝瓶年份）和Vintage（年份波特酒）。

　　Ruby最年輕，要先在木槽內釀造四年，因年份短，果味較豐富、口感柔和；Tawny則放在木桶內經過十年以上培養，氧化程度高，酒色較淡，一般都會混合不同年份的葡萄酒製成；LBV要經過四到六年的木槽培養，因價格較便宜，成為Ruby和Tawny之間的過度選擇；Vintage必須用特別好年份的波特來釀造，一般而言，每十年才會出現兩三個好年份，先經兩年的大型木桶培養，再儲存數十年以待成熟。Vintage年份波特酒通常會混合調配不同好年份的波特酒裝瓶，但偶爾也會釀成單一好年份的波特酒。

秋日的波特酒鄉

　　拜訪波特酒鄉，有個最好的季節，在每年九月下旬至十月初，趕上葡萄成熟時的採收季，杜羅河谷地兩岸染成了金黃橘紅褐棕，各色斑駁，美景如畫，波特酒鄉仍有不少葡萄園採用傳統人工的採收方式，由當地農人組成的小隊，男人肩扛藤籃，邊唱山歌邊採摘葡萄，女人把一籃一籃的葡萄集中倒入箱中。

　　在釀酒廠中，還有農人用傳統的踩皮方式，赤腳踩在葡萄堆中；這些榨好的葡萄汁會先在釀酒廠中存放過冬靜待發酵，發酵中會加進白蘭地，以釀造出酒精濃度較高的葡萄酒，到了春天，釀好的波特酒就會運送到波特港口。

　　在過去的年代，運送波特酒的工具是一款黑色平底橫帆的古典帆船（Barcos Rabelos），這種船很適合行駛在起伏曲折多暗礁多險彎的杜羅河中。如今此帆船已不再擔任運送要角，但在波特港口還是可以看到不

少如今被用作觀光用途的老帆船。每年早夏的六月二十四日，正是波特港的守護聖人聖約翰日，港口會舉行年度的拉貝洛（Rabelos）賽船，非常熱鬧風光。

散步在迷宮般的巷弄

波特港因處杜羅河口，被分為左右兩岸，兩岸間橫跨著一座美麗的圓弧形雙層鐵橋「路易一世橋」，右岸是波特酒廠集中的維拉諾瓦‧蓋亞區（Vila Nova de Gaia），可在此參觀酒廠，也可從此區瞭望左岸的利貝拉碼頭區（Cais da Ribeira），可看見波特港最美的風景。

左岸的利貝拉碼頭，是波特港的熱鬧市區，那裡商店、餐廳、民宿雲集，面對著杜羅河的整排四五六七層狹長高低不一的老建築，已被聯合國教科文組織列為世界文化遺產。

波特港是葡萄牙王國的發源地，十一世紀阿凡索國王建國後，便以此地為基地向南方擴張，到了十四、十五世紀，波特港成為葡萄牙最大港，在大航海時期的黃金年代，不少葡萄牙艦隊都從此出發。

昔年繁華盛景的波特港，如今已凝結在歷史滄桑之中，老建築已斑駁，盛世盛景不再，但城市優雅迷人的身段仍保留下來，這裡迷宮般的巷弄非常適合沒有目標的散步，不要怕迷路，隨處都可見美麗的房子與景致；遊累了，找間老式咖啡館，喝杯葡萄牙咖啡（Bica），再配個葡萄牙蛋塔（Nata），懶洋洋地度過個下午。

左岸利貝拉也是波特港的美食集中區，這裡最出名的美食即被喻為葡萄牙國菜的Bacalhau（澳門稱「馬介休」）鹹鱈魚乾料理，據說用鹹鱈魚乾做成的菜色有三百六十五種，意思是葡萄牙人可以天天吃馬介休做成的菜，一年也不會重複。但最常吃的馬介休是炸鹹鱈丸子（Pasteis de Bacalhau）和鹹鱈魚燴馬鈴薯、洋蔥，再加上熟蛋與黑橄欖（Bacalhau Assado），由於波特酒適合飯後喝（用來消化濃郁的馬介休還真不

錯），因此在進餐中，當地人會配杜羅河出產的清爽紅白酒。

　　葡萄牙菜非常可口又家常，有名的菜都很簡單，像炭烤沙丁魚（五、六月盛產）、甘藍菜湯、海鮮濃湯、葡式海鮮燉飯、蛤蜊燴豬肉等等，都是餐館及家庭中常見的料理，在飯後甜點部分，我最喜歡吃的是Maçã assada，即整只烤的焦糖蘋果和蜂蜜蛋糕Pão de Ló（即日本長崎蛋糕的正本），到了吃甜點時，就可以好好來一杯波特酒慢慢享用了。

　　葡萄牙常被稱作歐洲的鄉村，波特酒鄉有鄉村的閒適慵懶，卻也有曾經見過盛世的滄桑世故，來這裡要懂得放慢腳步、放下心事，慢慢地飲酒小樂一番吧！

正在崛起的
希臘葡萄酒

Crete | Greece

希臘葡萄酒在世界酒壇沉寂了相當長的時期，但在過去五年卻異軍突起，受到了世界酒壇的重新矚目，頗有明日之星的架勢，在世界葡萄酒圈開始流傳希臘葡萄酒的美名……

希臘葡萄酒長期以來一直是世界葡萄酒圈的異類，首先，希臘葡萄酒並非法國、義大利、西班牙等等西歐葡萄酒的主流，但希臘葡萄酒也不能被歸納為如智利、阿根廷、南非、澳洲、紐西蘭等等的新世界葡萄酒，因為很難歸類，所以大部分葡萄酒界人士就對希臘葡萄酒都感到陌生，在大部分的歐美餐館中也很少會庫存希臘葡萄酒，除了在希臘本土之外，會挑選希臘葡萄酒飲用的客人更少之又少。

然而希臘人喝葡萄酒的歷史卻十分悠久，他們是整個古老歐洲最早懂得喝葡萄酒的一群，從亞歷山大大帝和古老波斯帝國交戰以來，希臘人就從波斯人那裡學會了品嚐葡萄酒，波斯有個古城（在今天的伊朗）名為席拉（Shiraz），據說就是葡萄酒最早的誕生地，希哈（Syrah）之名指的就是十分古老的葡萄品種，可用來釀造顏色深沉，滋味豐富、口感渾厚的紅酒。

古羅馬人喝葡萄酒的文化是學自希臘人的，希臘人帶給羅馬人的兩個重要飲食禮物即葡萄酒和橄欖油，這份禮物又透過羅馬帝國傳到了全歐洲，凡羅馬人走過之處都留下了古老的葡萄樹和橄欖樹的栽種。

但當義大利、法國、西班牙等國都成為葡萄酒大產國，希臘的橄欖也仍是世界上的大宗產地，但葡萄酒生產卻相對疲弱，知名度也相對低落，這是什麼原因呢？

從二十多年前我開始在希臘大陸及各列島旅行以來，就發現希臘人日常飲用的酒精以烏索（Ouzo，茴香酒的一種）居多，這是受統治希臘長達五百年的鄂圖曼土耳其帝國的影響，而希臘食物也深受鄂土帝國的影響，燒烤油炸為主的肉類和黃瓜優格、魚子醬泥、茄子泥，葡萄葉包米肉、起士茄子鑲肉等等希土名菜配清淡的烏索也較合適。

當時希臘人喝的葡萄酒以帶溫和松脂味的Retsina葡萄酒為主，這種釀酒方法歷史十分古老，是受到了埃及釀酒技術的影響，有助於酒的保存。但近代西歐的釀酒文化揚棄了這種方法，因為松脂味不再受後來的人的喜愛，只有希臘人卻堅持這種古早味。

希臘葡萄酒在世界酒壇沉寂了相當長的時期，但在過去五年卻異軍突起，受到了世界酒壇的重新矚目，頗有舊世界／新天地的明日之星架勢，在世界葡萄酒圈開始流傳希臘葡萄酒的美名，這個趨勢頗像十多年前紐西蘭葡萄酒冒出的現象，記得十六年前我第一次到紐西蘭南北全島旅行時，一路喝到的葡萄酒簡直是品酒界的笑話，白酒普通、紅酒糟糕，但之後的幾年到十年之間，我在紐西蘭慢慢喝到了非常優秀的白酒，接著又喝到了十分優質的紅酒，接著就是大家都知道的故事了，紐西蘭葡萄酒也成為新世界葡萄酒的代表之國了。

個性化、有趣的小型葡萄莊園

　　希臘葡萄酒的崛起，首先和優質的葡萄園有關，葡萄酒的好壞，風土占十分重要的因素，希臘有幾個著名的酒區，如火山島聖托里尼（Santorini）、以自然農法著稱的克里特島（Crete）、風土優美的奧林帕斯山區（Olympus）、歷史悠久的阿提卡區（Attika），以及被喻為希臘的布根地的尼米亞（Nemea）產區等等，都擁有風土條件良好的葡萄園；而希臘酒窖在過去幾年也經歷了兩類的發展，一是以獨特的小型酒廠規模，保持手工、傳統的方式釀造有希臘本土特色的葡萄酒，另一類即引入國外的技術與資金，在希臘培育釀造符合國際潮流的酒款。

　　過去幾年我去希臘各地旅行時，不時有意外喝到本地好酒的驚喜，也發現國際買家對希臘葡萄酒的興趣逐年增強。

　　在個人有限的希臘品酒經驗中，我對克里特島的葡萄酒情有獨鍾，曾喝過Lyrarakis酒廠的白酒，選用的是罕見的葡萄品種，滋味十分清香。另外有一家兩款名為Manoussakis的新酒，和法國的薄酒萊比起來不遑多讓。還有一家Mediterra酒廠推出的Neaghi系列酒表現傑出。

　　在國際上，希臘的火山島聖托里尼的葡萄酒聲譽也蒸蒸日上，有一款以日曬乾葡萄釀造的Mezzo甜酒，可比美義大利的聖酒。此外島上頂

尖的葡萄園Sigalas釀製的Barel酒也十分受好評。還有一家Arghyros亦是頂級酒廠，釀製的Ktima白酒亦深受酒評的肯定。

在雅典的高級餐館中，我曾喝過用高達百年的葡萄樹釀製的來自尼米亞產區的Aivalis紅酒，滋味深厚，另外，喜歡有機葡萄酒的人，也可試試奧林帕斯山區的Katsaros這家小型有機酒莊出產極佳品質的紅酒。

希臘迄今仍有不少小型的葡萄園，使得希臘的葡萄酒面貌十分豐富，不像世界主流制式的大酒廠推出的各種品質穩定但不再有趣的標準化酒，例如Gerorassilion酒廠，會推出罕見的希哈品種葡萄酒，這家酒廠也是目前希臘新潮流葡萄酒的領導品牌。

希臘葡萄酒仍在發展之中，特殊罕見的品種加上優良的風土再加上國際成熟的技術，會創造出什麼樣的葡萄酒飲用經驗呢？大家可拭目以待，江山代有人才出，在葡萄酒界，我們也不用永遠迷信大牌吧！

喬治亞，一瓶酒
恍如隔世

Sakartvelo | Georgia

在今日的世界葡萄酒地圖中，喬治亞雖然是發源地，卻也是新產區。因宗教與政治文化的阻隔，其一直默默地為蘇聯提供葡萄酒，但在生產數量與品質上一直不受重視，喬治亞成為葡萄酒文化圈中失落的珍珠。

前些日子到朋友家夜宴，朋友說要開一瓶讓我小驚訝的酒，原來是近幾年在國際間蔚為新潮流的喬治亞共和國（Georgia）＊的紅葡萄酒，我並非對那一區域的酒一無所知，只是那一帶現在被喻為人類最早釀製葡萄酒的地方，從前也不叫喬治亞共和國。

故事從八千年前說起，今日的喬治亞共和國位於高加索南方一片豐沃的山谷，考古學家在那裡發掘出新石器時代人類最早種植葡萄園的遺跡，依據碳十四半衰期的年代鑒定發現當地出土的釀酒陶桶等考古文物，可以推至八千年前，當時的史前人類發現秋末野生的葡萄汁如果擱置過一個冬天，可以轉換成類似今日葡萄酒的東西，當時當地的人已經採用陶桶（喬治亞語kvevris）來儲存釀製葡萄酒，這些陶桶裝滿了秋季豐收的發酵葡萄汁，覆上木蓋後，再用土泥封印儲放，有些陶桶的酒會存放成五十年的老酒。

為什麼位於高加索南方山谷的喬治亞會成為葡萄酒的原鄉？只能從地理與生物基因的遺傳學才能了解，今日釀酒的葡萄共同的祖先為歐亞葡萄（學名Vitis Vinifera），歐亞葡萄的發源地在南高加索山區與黑海之間，這些野生的葡萄經人類馴化後，成為最古老的麝香葡萄（Muscat）品種，再歷經自然的演化更替，產生了卡本內弗朗（Cabernet Franc）、白蘇維濃（Sauvignon Blanc）、黑皮諾（Pinot Noir）等熟悉的現代葡萄品種名稱。

失落的珍珠

今日的喬治亞共和國的葡萄酒歷史和曾是蘇聯加盟國的歷史無關，蘇聯大部分的地區都太冷了，根本不能種葡萄，俄羅斯人的酒文化是伏特加，但高加索南方位於黑海沿岸地區接連土耳其、亞美尼亞一帶，卻很適合種植葡萄。但在考古學家尚未挖掘出這一帶遺跡前，根據古老的文獻資料，最早的葡萄與葡萄酒的記載為五千年前美索不達米亞文明的

吉爾伽美什史詩，比後來喬治亞出土的古文物晚了三千年，而埃及象形文字與金字塔的壁畫中採摘葡萄與釀酒的圖案，以及希臘人所說的波斯美酒等等，也都遠在喬治亞葡萄酒古文物的年代之後。

有人認為，葡萄酒的原鄉之所以在高加索南方，和《聖經》中諾亞方舟的傳說有關，根據今日某些考古學家的推論，諾亞方舟停靠地為土耳其東北方的亞拉拉特山，就是今日喬治亞共和國所在的高加索南方與黑海之間，大洪水之後，人類上一次的文明重新由諾亞一家傳承，葡萄酒的釀製文明也延續了下來。

而葡萄酒的文化從高加索南方傳播到美索不達米亞，再傳至埃及，再由腓尼基人傳至希臘，再傳至義大利，再由古羅馬帝國傳至匈牙利、法國、西班牙、葡萄牙、德國等等，再傳至新世界的美國、加拿大、智利、阿根廷、澳洲、紐西蘭等等，成為全球性的葡萄酒文明。

在今日的世界葡萄酒地圖中，喬治亞雖然是發源地，卻也是新產區。因宗教與政治文化的阻隔，其一直默默地為蘇聯提供葡萄酒，但在生產數量與品質上一直不受重視，喬治亞成為葡萄酒文化圈中失落的珍珠，就像伊朗古城「Shiraz」曾是以葡萄品種希哈（Syrah）命名之所，但如今古城卻遺失了和葡萄酒文化的牽連，喬治亞也一樣，一直到一九九一年喬治亞脫離了蘇聯加盟國後，才有人慢慢找回了這塊古老土地的葡萄酒文化。

當天晚上朋友為我們開的二○○○年的喬治亞紅葡萄酒是採用古老的品種卡本內‧薩別拉維（Cabernet Saperavi），用傳統陶桶儲放的年份（Vintage）酒，這瓶酒有豐厚的莓果風味，並夾帶著若有似無的胡椒香，最奇特的是還有一點點海潮的鹹味，但因不是木桶存放，沒有一般酒人熟悉的薰木味，單寧也顯得比較柔和。

晚餐主人用西式手法烤了一隻大土鵝，配上這瓶來自古老葡萄原鄉的酒，竟讓人有和古老的歷史時空相逢之感，真好，一瓶酒恍如隔世，彷彿昨日。

編注：

＊　喬治亞共和國（Georgia）：喬治亞語：Sakartvelo ，位於亞洲西南部高加索地區的黑海沿
　　岸，北鄰俄羅斯，南部與土耳其、亞美尼亞、亞塞拜然接壤。原蘇聯加盟共和國，1991年4
　　月9日正式獨立，稱為「喬治亞共和國」。

重返加州
納帕酒鄉

Napa | America

在探訪歐洲各地酒鄉十多年後,因為弟弟在千禧年後搬去了舊金山,讓我又有緣分重返納帕,也許是自己見識多了,也許因為在過去十多年納帕的求新求變,讓我在納帕看見了歐洲酒鄉少見的活力與創意。

我和納帕酒鄉（Napa）結緣甚早，在一九八〇年代初期，舊金山是整個美國我最常遊玩的地方，我在舊金山結識了許多友人，也因此寫過一本《舊金山私密記憶》，在那本書中，我就曾寫過一篇文章〈夢見葡萄酒園〉，記錄了我的朋友在納帕經營酒園的故事，故事是這樣的：

整個納帕山谷，從納帕小鎮一直向北延伸到溫泉鄉卡利斯托加（Calistoga），長約四十三公里，地方不大，開車繞一圈約需一個多小時。這裡的土質因受火山爆發的影響，非常肥沃，再加上山谷的盆地地形，白天日照豐富、十分炎熱（尤其夏季葡萄成熟期間），但入夜後，受北加州的高緯度影響，氣溫陡降。這一熱一冷的催化，對葡萄的生長很有幫助，納帕因此成為美國最有名的葡萄酒區。

納帕山谷最早釀葡萄酒是由傳教士開始的。就像歐洲中世紀時期一樣，僧侶種植葡萄、釀製葡萄酒，以供應做彌撒時用來代表耶穌寶血的紅酒。

早期的種植都是小規模耕作，一直要等到一位匈牙利人哈拉茨基（Agoston Haraszthy）在一八五〇年來到納帕小鎮，發現這是塊適合葡萄種植的天賜土地，才開始大規模施作。本來匈牙利釀酒的歷史就十分悠久，在十七、十八世紀期間，匈牙利的托卡伊酒（Tokaji-Aszu）早已被歐洲皇室視為最高等級的貴族酒。哈拉茨基想必熟知匈牙利的釀酒文化，他引進兩百多種歐洲葡萄品種，著名的如黑皮諾（Pinot Noir）、梅洛（Merlot）、卡本內蘇維濃（Cabernet Sauvignon）等，再加上他個人豐富的釀酒知識，使他被納帕當地的人們稱為「葡萄栽培之父」。

第二位重量級人物，是同期（一八五八年）來到納帕谷地的德國人查理斯・庫克（Charles Krug），他引進德國的葡萄品種和釀酒知識，也在納帕蓋了第一座義大利式的葡萄酒園（電影《漫步在雲端》即在此拍攝）。

納帕的釀酒文化，在美國的禁酒時代和兩次世界大戰期間遭受極大

的打擊，一直要到戰後的一九五〇年代後才開始復甦。在接續的一九六〇、一九七〇年代，葡萄酒園持續擴大，從歐洲各地引進的釀酒技術，加上加州大學大衛斯分部的科學化研究，使得納帕生產的葡萄酒品質日益提高；一九七六年，在巴黎舉行的一次品酒會上，由法國知名的品酒者盲品，結果納帕出產的酒打敗了許多知名的法國酒。

　　一九七六年的勝利鼓舞了納帕的酒莊莊主，也帶動了一九八〇年代狂熱的葡萄酒投資熱潮。美國的許多富裕人士（尤其是加州人），都以擁有或投資萄萄園做為尊貴身分的象徵。比如大導演法蘭西斯‧柯波拉（Francis Coppola）即是其中之一，而我的朋友庫克夫婦也是此道中人。

浪漫的葡萄酒莊園夢

　　庫克夫婦均出身於舊金山世家，可說是衘著銀湯匙出生，名下各有一筆不小的信託基金。庫克先生是執業律師，太太是業餘的雕刻家，兩個人都熱愛大自然和美食。他們有一次到納帕去度周末，迷上那裡的自然風景和葡萄酒園所散發出的浪漫氣氛，決定買下一座小型酒園來當現代農夫。好在納帕離舊金山車程不遠，只要一個多小時，他們舉家搬到納帕，先生仍繼續上班，太太則變成全職的葡萄園莊主。

　　擁有葡萄酒園聽來是浪漫無比的夢，但親自下手當農夫則一點都不浪漫。他們雖然請來一些幫手，但一場早來的霜降，讓他們必須半夜爬起來，跟工人一起忙著替葡萄加蓋保護罩以防霜凍。五、六月時，天天期待好天氣，七、八月時，又怕天氣太熱使得葡萄過熟，這種「靠天吃飯」的生活，是這兩位一生幸運的夫婦從未體驗過的。

　　更大的災難接踵而至。納帕的葡萄酒園一直和加州大學合作進行各種科學實驗，以提高產量。在「科學萬能」的主張下，這批天真的美國人不理會古老歐洲農人從自然學來的教訓，即不可交叉密集種植葡萄，

以避免病害傳染。在葡萄酒園熱潮後的三、四年期間,納帕山谷的葡萄園遭受馬乃生物型病害的摧殘,一片一片的葡萄園皆成災區,許多葡萄樹都病死了。

庫克夫婦的葡萄園也深受其害。他們所生產的葡萄酒一直以來都尚未打響知名度,賣不了好價錢,但至少還有酒可以分送親友,當作昂貴的嗜好也罷。現在葡萄都沒了,連酒也不必釀了,大大失望的庫克夫婦於是搬回舊金山,暫時將酒園荒置。因為遭病害侵襲過的葡萄園必須休耕一段時期,才能再恢復生產。他們花費昂貴的代價,學會了一項古老的教訓:不懂一行,不做一行。

但老天的安排卻常出人意表。在他們休耕的兩年多當中,卻是一九八〇年代中期北加州房地產大展鴻圖之時,他們暫時廢置的葡萄酒園土地如今翻漲到幾倍的價錢。而美國人喝紅白葡萄酒的文化,在當時雅痞文化的催生下越演越烈,納帕的酒因產量減少(不少酒園休耕)而變得搶手,引起不少世界級酒廠的注意,紛紛進軍納帕,收購小酒園。

庫克夫婦仍然是幸運的。他們賣掉酒園,不僅把幾年賠掉的錢都賺回來,扣掉原有的投資和利息,還賺上一筆不小的利潤。他們雖是失敗的農夫,卻仍是成功的地主。

現在的庫克夫婦還是常常周末去納帕度假。他們住在好友的葡萄莊園中,品嘗當年釀造的酒;晚上睡覺時,聽著葡萄園中熱風車呼呼作響,而不必擔心葡萄園中的一切。他們可以安然入睡,畢竟一場葡萄酒園的夢,曾是惡夢,最終又成了好夢一場。

一九九一年我移居到倫敦,經常往法國跑,去遍了法國各地的酒鄉,對葡萄酒的知識與體驗也日益加深,有一段時間,我不免覺得納帕酒鄉缺乏深厚的歷史感,雖然每半年都會去洛杉磯探親,但卻越來越少去納帕,而把心留在了法國、義大利、西班牙的酒鄉。

在探訪歐洲各地酒鄉十多年後,因為弟弟在千禧年後搬去了舊金山,讓我又有緣分重返納帕,也許是自己見識多了,也許因為在過去十

多年納帕的求新求變，讓我在納帕看見了歐洲酒鄉少見的活力與創意，我開始反省我對歷史感的定義是否太過偏狹，畢竟，傳承歷史存其意義，但創造歷史也有價值。

高不可攀的美國膜拜酒Cult Wine

納帕酒鄉中最有活力的酒莊多半集中在鹿躍區（Stag's Leap District），鹿躍區在納帕山谷的東邊，東到鹿躍山峭壁，西至納帕河，中間有火山灰土壤為特色的西瓦拉多山徑（Silverado Trail），鹿躍區的風土可以說是納帕酒鄉中最佳之地，在一九八九年也被劃定為美國葡萄酒種植特區。

鹿躍區從一八七八年就有了葡萄莊園，但讓鹿躍區廣為世人所知的，則是一九七六年那場巴黎盲品，前幾年美國片商還把這一事件拍成了電影《戀戀酒鄉》*。

整個事情的經過是這樣的，一位英國青年史蒂芬‧斯伯瑞爾（Steven Spurrier）在巴黎的葡萄酒專賣店工作，後因友人的介紹，對當時尚默默無名的加州葡萄酒產生了興趣，經過兩次到納帕酒鄉的探訪，斯伯瑞爾興起了舉辦加州酒對抗法國酒的主意。

一九七六年他請來了九位法國酒界及餐飲界大師級人物當評審，如巴黎餐廳Le Grand Véfour的老闆主廚雷蒙‧奧立佛（Raymond Oliver）、布根地羅曼尼-康帝（Romanée-Conti）的莊主奧伯特‧德維蘭（Aubert de Villaine）、米其林三星銀塔餐廳（La Tour d'Argent）的總侍酒師克利斯蒂安‧瓦納克（ChristianVannegué）等，一起評審六款加州白酒對四款布根地白酒，以及六款加州紅酒對四款波爾多紅酒。

在歷經三個多小時的品酒後，選出的第一名的紅酒竟然是一九七五年鹿躍區的卡本內蘇維濃（Cabernet Sauvignon），而白酒也是來自加州。鹿躍酒區一戰成名，納帕酒鄉也一舉為天下知。

到納帕酒鄉，當然要拜訪一九七六年一舉成名的鹿躍酒窖（Stag's Leap Wine Cellars）。這家酒莊的莊主溫尼亞斯基（Warren Winiarski）是波蘭裔美國人。他原本在芝加哥大學擔任文學院講師，但因熱愛釀酒，在一九六四年決定搬到加州納帕，起初很不順利，一直到他喝了鹿躍區的釀酒名人內森·費（Nathan Fay）釀造的一九六八年的卡本內蘇維濃紅酒後，驚為天人，也從此下定決心要以釀造鹿躍區的卡本內蘇維濃為天職，一直到今日，鹿躍區仍是全球最佳卡本內蘇維濃產區之一。

一九八六年內森·費把一九五三年在鹿躍區創立的酒園賣給了鹿躍酒窖，溫尼亞斯基將此歷史名園命名為「Fay Vineyard」，也值得拜訪。

一九九〇年代，加州網路金童興起了美國膜拜酒（Cult Wine）的風潮，納帕頂級酒成了比藍籌股更稀有的資產，也引發了納帕酒鄉的新興酒莊熱，其中最有名的就是榭佛酒莊（Shafer Vineyards），這些新興酒莊都有寬大明亮、具有設計感的品酒室與接待處，和歐洲古典傳統暗沉的風格很不同，更不一樣的是酒農的衣著，很少看到像歐洲那樣穿西裝打領帶的，大都是Casual Smart的悠閒風格。

榭佛酒莊一九七九年成立時，便以「Shafer Cabernet Sauvignon」在舊金山酒農俱樂部的品酒賽中奪標。自一九八〇年代末期，此酒莊便先行實驗有機農法，從一九九〇年代起，在葡萄園的行列間種植苜蓿草、油菜花、紫雲英等等，千禧年後又建立太陽能發電系統，成為納帕第一家綠色能源酒莊，對生態有興趣的酒客，特別喜歡拜訪環保酒莊——榭佛。

膜拜酒（Cult Wine）在一九九〇年代大放光彩，這概念有點像限量精品包，生產有限、販賣通路少、購買不易，一般而言Cult Wine的年產量都不會超過一萬兩千瓶，釀酒師多是大家，並得到國際公認的酒評家的高分，只有有門路者才可經過郵購方式取得幾瓶（很像熱門股抽籤），也因此Cult Wine一出貨後轉手價格就如熱門新股般飆漲。

在納帕酒鄉中最有名的Cult Wine酒莊即哈蘭（Harlan Estate），位

於風景非常優美的納帕高地，俯望著納帕河谷，附近一家高級的度假莊園Meadwood即屬於Harlan Estate，莊園中由主廚克斯多（Christopher Kostow）領導的餐廳在二○一一年拿下三星（我去吃的時候還是二星）。

到納帕酒鄉，除了以上這些標誌性的酒莊，還有更多的遊樂式的酒莊，提供城堡、豪宅、莊園、旅館、餐廳可供遊玩，例如充滿波斯美學意味的Darioush Winery與義大利人開的Castello Di Amorosa Winery等等，這些宛若葡萄酒的主題樂園比較適合非專業的參觀者。

納帕雖然離舊金山很近，但要真正體會納帕，最好還是住一夜再走，像古老的淘金鎮卡利斯托加（Calistoga）就有幾間不錯的旅館可供居住，晚上在小鎮酒吧喝酒至微醺再散步回旅館，抬頭望著滿天星斗，腳步如跳慢板華爾滋，不用擔心酒駕問題，才更能享受納帕酒鄉之夜。

＊ 電影《戀戀酒鄉》（Bottle Shock）：改編自真人實事，講述1976年著名的巴黎品酒大會
　（Paris Tasting），經盲品（Blind Tasting）後，加州葡萄酒一夕成名的故事。

索諾瑪
之約

「索諾瑪」這個名詞，在美國已經逐漸成為美味及品位的代名詞，就如同普羅旺斯對於法國一般，法國隆河谷風格的美酒和悠然慢食之風深深影響著索諾瑪，讓這裡成為宜居之地，也代表了某種藉著追尋美食去實踐的美好生活。

一九八六年的夏天，我客居在舊金山。有個周末，當地朋友邀我去索諾瑪郡（Sonoma County）一遊，這是我第一次去到這個隱藏在北加州秀麗山巒幽谷中的世外桃源；當時，索諾瑪還不是非常有名，而它鄰近的納帕谷地（Napa Valley）的葡萄酒鄉也才剛嶄露頭角。

　　一九七六年，納帕葡萄酒在一次盲品中打敗法國酒後，納帕成了世界知名的酒鄉，一直到現在，談起北加州酒鄉，一般人知道的只有納帕，載滿觀光客的品酒大巴士和火車也都只開到納帕，索諾瑪卻一直保有著清靜幽微的環境，但也有不少品酒專家堅持北加州最好的酒鄉是索諾瑪。

追尋美食，實踐美好生活

　　第一次去索諾瑪的我，還稱不上很了解葡萄酒，我也不是專為酒而去，而是為了探訪與美食有關的人與事。索諾瑪是後來逐漸名聞世界的美國新烹飪——加州派食藝（California Nouvelle Cuisine）的基地，那裡有許多隱祕獨特的高級餐館和大廚，走的都是柏克萊大學附近艾莉斯華特（Alice Water）主持的Chez Panisse餐館那種加州風新派料理（California cuisine）*的路線。

　　這些餐館不僅強調新的烹調手法，也強調新鮮的、有機的（當時還是十分稀奇的名詞）、本土的食材，因此索諾瑪也成了許多有機農莊、牧場、手工食坊的天堂，許多受過高等教育的現代農夫，在索諾瑪谷地上種有機蔬菜水果，自己搾橄欖油，做手工羊乳酪，自製果醬、肉派、蜂蜜、啤酒等等，除了供應高級餐館外，也會在周末時聚集在舊金山渡輪碼頭前露天販賣，行之有年後，如今這個周末農產市集已經成為全美最大最有特色的有機樂園。

　　「索諾瑪」這個名詞，在美國已經逐漸成為美味及品位的代名詞，就如同普羅旺斯對於法國一般，索諾瑪代表了某種藉著追尋美食去實踐

的美好生活。

　　為什麼一定是索諾瑪呢？除了地靈之外，還有另一個重要的人傑因素，索諾瑪之所以在北加州乃至於全美國變成了美食的聖地，和一位叫費雪（M. F. K Fisher）的女士從一九七〇年起便長居在此大有關係，這位費雪女士當時已是美國飲食文化的掌門人，她出版了許多關於食藝的文札，從一九三〇年代末期出版後，就徹底地影響了美國人對味覺的態度；她如讚美詩般的文體，讓味覺經驗在清教徒文化的美國，從單純的口腹之欲昇華為歌唱生命的拉丁頌歌。

　　費雪是索諾瑪的活招牌，美食詩人欽定的住家，必有不凡之處，我們可以說，索諾瑪的美食傳奇和費雪的蒞臨密切相關，但造就費雪成為美國一代味覺教母的功臣，卻是別的地靈之處，即法國的布根地和普羅旺斯。

　　費雪在索諾瑪的小鎮艾倫谷（Glen Ellen）打造了她住到去世的終老屋（The Last House），她在那裡住了二十年，也成為索諾瑪人文風土傳統的一部分。我看過有些文章提及費雪的家時，會說她住在北加州的納帕，這是不正確的，不是說納帕不好，而是納帕不夠安靜，是觀光旅遊的好地方，卻非潛心寫作如費雪所宜居。

　　我弟弟近年移居到舊金山灣區，離納帕很近，開車只要五十分鐘，他常常去納帕吃飯品酒。我有次問他去過索諾瑪嗎？他回答沒有，為什麼？因為從納帕開車去索諾瑪還要六十分鐘，太遠了，弟弟說，當天來回有點累。

　　從地圖上看納帕到索諾瑪並沒這麼遠，主要是因為兩者之間有座瑪雅卡瑪斯山（Mayacamas），雖然風景秀麗，但常起霧，沿著曲折的山徑開車開得慢，這也使得索諾瑪一直能夠保持著Slow living——慢活的生活型態，不像納帕總讓人覺得是Faster-paced——快速的生活步調，但大部分從灣區或舊金山移居北加州酒鄉的人卻多選擇納帕，也為了那裡融合了都會與小鎮的雙重氣質。人嘛！各有所愛，選擇索諾瑪的人要有

沉澱避靜之心，專心寫作或種植葡萄釀酒、種蔬果或做手工乳酪等等的人比較適合。

隆河風格Rhōne-Style

早春，我去探訪小弟，就起了心要好好了解一下索諾瑪酒鄉，費雪早已不在了，她在一九九二年去世，但我剛好有個在台灣認識的美國朋友Jennifer Mills，退休後回到北索諾瑪，在俄羅斯河（Russian）旁邊買了個農莊，過起業餘農人的生活。這傢伙也是好酒好美食之徒，有她做在地嚮導準沒錯。

為了不打擾朋友太久，也為了每次初到異地，我其實很怕馬上有人導覽，因為就少了自家摸索尋訪的樂趣，我們先自己摸得熟門熟路，因陌生而起的警覺與專注亦是旅行不可或缺之樂。

索諾瑪並不小，整個面積和東岸的羅德島差不多，說起來索諾瑪也像個半島，她的西邊有長長海岸線臨東太平洋，鹹濕的太平洋海風與潮水，也豐厚了索諾瑪獨特的風土，釀出的葡萄酒裡會帶種深沉的韻味。

我們先選了索諾瑪中心的索諾瑪谷（Sonoma Valley）住下，此谷有個別號叫月之谷（Valley of the Moon），很迷人的名字，說白了其實就是肥沃月灣的意思，代表這裡是古代逐漸形成的沖積谷地。

在索諾瑪谷的小鎮中心（Sonoma town square），一年到頭每周的星期五上午都有當地的有機農作市場，可以看到各色飽含土地能量的蔬果，有幾家很好的餐館，如The Girl and the Fig，就以當地時令的蔬果烹調成受法國普羅旺斯風味影響的料理，再配上索諾瑪釀製的法國隆河谷風格的紅酒。

我在The Girl and the Fig，想到費雪女士在一九五〇至一九七〇年間住在法國的普羅旺斯，也寫過多本和普羅旺斯有關的美食書，在她的家鄉，普羅旺斯和索諾瑪都是生命美味的象徵。

這幾年隆河風格（Rhône-Style）的紅酒很受世界各地愛酒人的歡迎，這和全球料理風越來越輕食化有關，酒喝多了，人們也不再那麼陳腐地覺得，非喝名莊老酒不可，畢竟平常飲食不容易遇上能配老酒的餐食。我自己就常常發現，近年常飲新鮮厚實的隆河谷紅酒，這裡的酒同時具有新鮮的青春活力與深邃的優雅世故。

我們住在當地著名的老旅館Swiss Hotel，以瑞士為名，即代表服務很好，我在世界各地住旅館，真的常發現瑞士系統管理的旅館，服務確實特別精緻細膩。

小鎮中心（Sonoma Town Square）每年從五月到十月，每周二晚上都有農人市集，市集開在晚上挺特別的，這回我沒遇上，下次夏天再來瞧瞧。談到酒，不能不去這位於索諾瑪谷中心的索諾瑪歷史城區，這裡是北加州最早種植葡萄的地方（一八二三年），當時整個加州還屬於墨西哥，直到一八四五年才賣給美國。

我也再去了費雪晚年居住的艾倫谷，這裡是Benziger Family Winery的所在地，可以品酒、買酒，之後還可以參觀因小說《野性的呼喚》（The Call of the Wild）聞名於世的傑克・倫敦（Jack London）的歷史老屋（雖然因火焚只剩下狼屋Wolf House了），這裡也是索諾瑪單車小徑（Sonoma Bike Path）的路線，喜歡騎單車的人可以在鎮上租車。

品嘗食物的慢味

自己玩了幾天後，我們往北去了索諾瑪最重要的酒鄉Healdsburg，這裡本來是個非常沉靜的小村莊，卻因為釀酒人Rodney Strong在一九六二年引進了黑皮諾、夏多內和卡本內蘇維濃，讓這裡成為出品索諾瑪好酒的代表地，鎮上有一家Topple Tasting Room，可以品嘗到當地許多知名或不知名的美酒。

我在索諾瑪吃吃喝喝了幾天，發現整體而言，索諾瑪的飲食水準均

高於納帕，雖然納帕有全世界知名的曾是世界第一的米其林三星餐廳「法式洗衣坊」（French Laundry），但誰會天天吃米其林，比較一般的餐廳，索諾瑪的食物似乎比較不觀光化，簡單說就是比較有「慢味」。

再往西北，沿著俄羅斯河（Russian River Road），就到老友農莊，鄰近Jennifer Mills住的地方，老友離開了喧囂熱鬧的台北，幾乎隱居在到處看得到紅木森林的鄉間，過著離群索居的自然生活；還帶我去離她家不遠的學校，去看希區考克拍驚悚電影《鳥》（The Birds）的場景，據說這裡是希區考克很喜歡度假的地方。

不到一周的時間，很難真正進入這個隱密而迷人的酒鄉之心，我和自己約定，再找個夏天，讓我花一個月以上的時間好好再和索諾瑪酒鄉談場戀愛。

編注：

* 加州風新派料理（California cuisine）：Chez Panisse餐廳的老闆Alice Waters，主張利用當地新鮮、當季的食材，融合歐亞各國料理技巧，創造出獨特的新派料理，成為加州菜California Cuisine的先驅。

巴羅莎河谷
的榮光

Barossa | Australia

此地有不少一百六十年前留下的老藤葡萄，老藤結果的風味特別濃
郁，也成了巴羅莎河谷的珍貴資產。

一〇一二年冬天特別冷，小寒、大寒兩節氣特別靈，西伯利亞寒流大發飆，北京零下二十幾度，上海也下大雪，連亞熱帶的台北也都冷到七、八攝氏度，但位處南半球的澳洲卻是大暑當頭，新聞報導南澳熱到四十幾攝氏度，偏偏熱浪又捲起大火，從南一路往北向雪梨燒去，哎呀！我突然想起幾次去南澳酒鄉旅行的往事，想到那些葡萄園，那些老藤，在這樣的大火下，澳洲收成的狀況會如何？還能釀出精采的酒嗎？

　　我最早去澳洲，是在一九八〇年代中期，去了東澳的獵人谷（Hunter Valley）和南澳的巴羅莎河谷（Barossa Valley），當年澳洲經濟不振，葡萄酒消費及餐飲文化都是剛起步，雖然澳洲的葡萄種植歷史很早，像巴羅莎河谷早到一九五〇年代，並不比美國納帕酒鄉晚，但因為澳洲人口少，經濟也還未大興，葡萄酒文化仍屬受歐洲影響的生活情調，一般澳洲人還是以飲用啤酒為主。

　　在一九八〇年代的新世界葡萄酒地圖上，不要說美國加州，連南美洲的智利、阿根廷都比澳洲亮眼，當年澳洲唯一可以勝過的大概就是紐西蘭，當時紐西蘭葡萄酒還被愛酒人士當成笑話，而澳洲葡萄酒只比笑話好一些。

　　從一九九〇年代中期開始，澳洲、紐西蘭經濟大翻身，繁榮了近二十年，葡萄酒消費一向是和經濟指標並行的，經濟繁榮會帶動葡萄酒消費，果然，過去十多年，紐西蘭不僅有電影《魔戒》，也有了葡萄酒奇蹟，澳洲更是變成葡萄酒文化大國，巴羅莎河谷酒鄉成了世界矚目的新世界酒區，直逼加州納帕的榮光，硬是把過去二十年政治、經濟都不好的阿根廷、智利的葡萄酒給比了下去，葡萄酒果然是一國政治經濟的直觀反映。

　　十年前我重遊南澳，首府阿德雷得（Adelaide）一片欣欣向榮，這裡以多元族群、多元文化著名，不大的城裡聚居了全世界一百多個種族，除了早期的南歐、中歐、東歐、南美、非洲、南亞移民外，還有近

二十年來大量湧入的東南亞人和中國人，在這裡每年舉辦的阿德雷得美食節上，可以嘗到幾乎全世界的美食，這裡崇尚美食美酒的生活方式，是澳洲有名的慢活慢食之地，悠閒輕鬆的生活態度，羨煞了嚴謹的墨爾本人和進取的雪梨人。

巴羅莎河谷酒鄉和阿德雷得城市可說是相得益彰，兩個地方相隔不遠，距離七十公里，從阿德雷得往東北方開車一小時，就可到達巴羅莎河谷。這裡最早由富裕的英國人在一八三七年建立，這些人並未帶來葡萄酒文化，但後來的德國（當時還是普魯士王國）的路德教派人士帶來了種植葡萄的傳統，一八四七年這些德國人種下了第一批葡萄，直到今天，許多當年德國路德教派拓荒人士的後裔，仍擁有不少的葡萄園。

巴羅莎河谷是澳洲最重要的葡萄酒產區，年產量占全澳洲的二分之一，但並非所有的葡萄都出自當地，只因為巴羅莎河谷聲名大，大小酒莊都喜歡在此地設廠，當為招牌，許多在當地釀製的葡萄是從南澳別處運來的，但打上了巴羅莎河谷酒莊的名號，就會讓酒變得更吸引人，也可賣更好的價錢。

巴羅莎河谷的酒業在過去二十年大展光芒，成為國際間知名的酒鄉，和阿德雷得大學提供的葡萄種植學與釀酒學課程有關，這點也和美國加州大學提供納帕的葡萄酒課程有關，畢竟歐陸老酒鄉可以靠酒農世代相傳的經驗累積，新世界的酒區要趕上腳步，來自學院的知識專業的確可以幫一手。

巴羅莎河谷種植的葡萄品種，以席拉（Shiraz）最多，在三十年前我第一次拜訪巴羅莎時，就對這一在古代波斯就十分有名的古老葡萄品種留下深刻印象，因為當年法、義、西等國並未特別看重席拉，因此反而讓以席拉為主的巴羅莎河谷異軍突起。除了席拉之外，常見的夏多內、格那希、麗絲琳、卡本內蘇維濃、梅洛與慕維得爾都有。

巴羅莎河谷有一款經典混釀紅酒，採用了格那希、席拉、慕維得爾三種品種混釀的GSM＊，已成為當地代表性的滋味，就像波爾多混釀一

樣具有標誌性。有一回我參加一個餐會，主人並未告知當晚喝的是什麼酒，而酒是裝在醒酒器裡的，但我一喝就喝出了巴羅莎特別的GSM滋味，我告訴身旁一位吃遍米其林三星餐館的饕客，他向主人求證，主人拿來酒瓶，果然證明了我的盲測。其實只是巧合，我並非嘗得出天下酒味，只是剛好才去過巴羅莎河谷。

奔富酒莊，南半球最佳的酒莊

巴羅莎河谷的葡萄酒，當然以用當地葡萄園種出的葡萄釀製的酒為正宗，酒的風味本來就跟風土密切相關，巴羅莎河谷之所以興起，除了技術的日益精進（但這個條件別地也可複製），不能取代的是三件事：一是此地的土壤條件好，加上早期沒有過度開發，土地的生命力及元氣都還在；第二是氣候條件適宜；第三是此地有不少一百五六十年前留下的老藤葡萄，老藤結果的風味特別濃郁，也成了巴羅莎河谷的珍貴資產。

提到老藤葡萄樹，自然要說此地的代表品種席拉，皆因當年早期的移民者獨具慧眼，在一八四七年從中歐引進了席拉品種。目前巴羅莎河谷有一家知名的酒廠名為火雞平原（Turkey Flat），就以採用這些樹齡高達一百六十年的席拉老藤釀酒而聞名於世。Turkey Flat這個怪名字，源自於一八四七年種下席拉葡萄園時，周遭有很多澳洲火雞，移民者便稱呼此處為Turkey Flat。這裡除了葡萄園外，也是農莊，經營肉品和乳酪生意。

因為早年南澳的葡萄市場並不佳，但從一九八七年，第四代繼承人看出了葡萄酒業的遠景，在此地建立了火雞平原酒莊，開始用自己產的葡萄釀酒，釀出了精采的Turkey Flat Shiraz。這家酒莊的酒瓶很好認，瓶上有一隻禿頭昂立的火雞，見過一次就忘不了，當然還有老藤釀的席拉，也讓我一喝難忘。

對澳洲酒有所了解的人，在二十一世紀前最有印象的名酒應當就是奔富酒莊（Penfolds）的Grange吧！這款被英國酒評家休強生（Hugh Johnson）評為南半球最佳的酒，我曾在一九八〇年代喝過，當時一瓶大約幾十美金，現在卻要價幾百美金。如今這款酒還被南澳國家信託局列為遺產典範（Heritage Icon），可見此酒在南澳政府心目中和歷史古跡一樣重要。

　　希望下回去阿德雷得時，南澳一切無恙，在阿德雷得的中央市場採購一些芝士、火腿、麵包，裝成野餐籃，再開車到巴羅莎河谷，找間知名酒莊試酒、買酒吃中餐，度過安逸好時光。

＊　GSM（Grenache-Shiraz-Mourvedre）：由格那希（Grenache）、席拉（Syrah）、慕維得爾
　　（Mourvedre）三種葡萄品種混釀，起源於法國南隆河谷，是經典紅葡萄酒混釀形式，其中
　　以格那希葡萄所占的比例最大，因而簡稱「GSM」。

紐西蘭
白蘇維濃的魔力

Marlborough | New Zealand

如果要選出一個在過去十年中最亮眼的新興酒區，我會投紐西蘭一票。這個屬於新世界酒區的紐西蘭，可以說是最年輕、資格最嫩，比起美國、智利、阿根廷、澳洲、南非，紐西蘭葡萄酒有如剛出谷的黃鶯，正發出清脆的鳴叫聲。

在我旅行的歷程中，我比較晚才去紐西蘭。一九九四年夏天，我踏上紐西蘭北島的奧克蘭（Auckland）。當時我已經環游世界兩周，去過近五十個國家了，也早去過了澳洲，但不知為什麼一直沒想到去紐西蘭。一九九四年的旅程，是因為外子剛從英國拿到博士學位，正好有一段就業前的空檔，又有好友移民紐西蘭三年了，一直邀我們去他們位於奧克蘭的家小住，於是，我們就策畫了一場慢旅，在說不上大的紐西蘭（面積是日本的七分之一），除了住在友人家兩個星期外，再用四十天左右租車慢慢從北島玩到南島。

當時的紐西蘭還沒拍攝電影《魔戒》，也在新幣對美金大幅升值一倍前，還是一個純樸的國度。也尚未有台灣、中國大陸、東南亞地區的移民潮，全國人口才二百五十萬（比整個台北還少），奧克蘭除了小小的市中心外，其餘都是山丘草地，養的羊有一千萬隻，比人口數多了將近四倍。我們很快就愛上了紐西蘭，空氣好、安靜、物價低、風景絕美等等，但更令我驚訝的是，我竟然在紐西蘭發現了品質很好的葡萄酒。

去紐西蘭前，我從未想到此行要拜訪酒鄉。當時的我已經去過了不少的酒鄉，如布根地、隆河谷、波爾多、阿爾薩斯、托斯卡納、加州納帕谷、澳洲獵人谷（Hunter Valley）和南澳巴羅莎谷（Barossa Valley）等，但當時我根本沒喝過紐西蘭酒，在英國我主要喝的新世界酒來自智利和南非，偶爾也喝一些阿根廷和澳洲的酒，至於紐西蘭酒卻從不曾在餐廳的酒單上看到，如果有人參加朋友派對提一瓶紐西蘭酒去，恐怕會被當成是怪人。

對於大部分熟悉新世界酒區*的人，都知道新世界各有自己的招牌葡萄酒，不像法國是以酒鄉聞名，新世界的酒常常是以葡萄品種出名，例如談到智利，會說他們的卡本內蘇維濃（Cabernet Sauvignon）紅酒很出色，阿根廷則以梅貝克（Malbec）紅酒為代表，澳洲則是希哈（Syrah），美國加州則有金粉黛（Zinfendal），南非有白梢楠（Chenin Blanc）等等，但紐西蘭葡萄酒的特色是什麼呢？

全世界評價最高的白蘇維濃Sauvignon Blanc

愛酒的好友和我說起，紐西蘭南島有個馬爾堡（Marlborough）出產很好的白蘇維濃葡萄酒（Sauvignon Blanc），並從他的酒櫃中拿出一瓶如今赫赫有名Cloudy Bay酒莊出品的白蘇維濃，為我倒了一杯冰得正好的白酒。我才剛湊近鼻尖，就聞到四溢的香氣，接著我緩緩喝了一口酒，嘗到非常新鮮、爽脆、強勁的滋味，真是好酒！更難得的是，這款白酒的持續力強，喝到最後一口仍有豐富的果味，不會像不夠力的白酒般疲掉。

白蘇維濃這個葡萄品種釀出的酒略帶黃綠色，具強勁的青草和香草風味，略帶柑橘、葡萄柚、檸檬的淡淡酸味，在法國種植白蘇維濃出名的酒區有波爾多、朗格多克（Languedoc）和羅亞爾河谷（Loire）上游流域。較晚才開始種植白蘇維濃的紐西蘭，卻後來居上種出了全世界評價最高的白蘇維濃，紐西蘭白蘇維濃的優點在於有非常新鮮和豐美的百香果香氣。

馬丁堡，高雅華麗的黑皮諾風味

喝到了這麼美好的酒，當然引起我想去一探酒鄉的興致。馬爾堡位於南島的北端，因為我們本來就要去威靈頓，朋友說威靈頓附近也有個小酒區叫馬丁堡（Martinborough），是個小型的優質產酒區，因為位於北島南端，夏季溫暖、秋季乾燥，礫質土壤可種出很豐潤、豐富的黑皮諾葡萄，朋友建議我們不妨兩個酒鄉都去走走，既可品黑皮諾紅酒又可品白蘇維濃白酒，一箭雙雕，何樂而不為？

我們慢慢開著租來的車從奧克蘭南下，一路上看到的羊都比人多，紐西蘭國土分北島與南島，四周環海，氣溫整體比澳洲要寒涼，但因靠近南北球，陽光十分燦爛，使得紐西蘭領土的日夜溫差極大，讓葡萄的

成長與熟成的速度變慢，使得葡萄的內涵物質有更多豐富的變化，尤其像馬爾堡種植出的白蘇維濃，可以表現出有異於法國風土的清澄與鮮脆感，而馬丁堡的黑皮諾（Pinot Noir）評價亦優。

我們先拜訪了位於馬丁堡的Martinborough Vineyard，這是一個很小型的傑出酒莊，有人認為這裡出品的黑皮諾是紐西蘭最優秀的，釀出的酒帶有高雅華麗的黑皮諾風味，色澤泛紅寶石光，帶紅醋栗、覆盆子等紅果氣息，如絲綢般的口感是紐西蘭黑皮諾的特徵。

馬丁堡離紐西蘭首府威靈頓很近，可以順道一遊，去過紐西蘭的人都知道紐西蘭的城鎮（如威靈頓Wellington、坎特貝里Canterbury或但尼丁Dunedin等等），都有種英國十八、十九世紀的古典風味，有的懷舊的英國人到了紐西蘭都會有種回到英國舊日美好時光的感覺，這和早年去紐西蘭的移民構成有關，不像澳洲是罪犯的流放地，紐西蘭卻是英國中產仕紳理想的黃金國，城鎮的建築都帶了點牛津加劍橋的風味，讓人覺得很像珍‧奧斯丁會居住的家鄉。

從馬丁堡度過小海灣就是馬爾堡，這裡不只是紐西蘭最大的產酒區（占有紐西蘭所有葡萄園的一半面積），亦是紐西蘭白蘇維濃葡萄最主要的栽植區。其實白蘇維濃在馬爾堡栽種的歷史很短，最早始於一九七三年，到今年也才四十多年，但因為當地獨特的氣候與土壤，竟然讓馬爾堡種出了傲視全球的白蘇維濃。

馬爾堡，頂級的白蘇維濃

二十年前我初抵馬爾堡（Marlborough），當時本地的酒廠大都剛嶄露頭角，Cloudy Bay、Oyster Bay、Seresin、Marven、Hunter's等等酒莊的知名度都還未在世界打響，誰知還不到二十年，彷彿《魔戒》真的落入紐西蘭釀酒人手裡，一瓶又一瓶結構良好、清澄、帶草本氣息，從青椒的嗆勁再轉成豐富的百香果味與青檸酸味，濃郁、集中、獨特的白蘇維

濃頂級酒擄獲了世人的心。

　　現在頂級白蘇維濃的價格逐年提高，從幾百美元到上千美元，頂級餐館也不敢漏了紐西蘭的白蘇維濃，最近我在台北的餐館喝單杯的Cloudy Bay的白蘇維濃，一杯要二十美元，而波爾多的白蘇維濃卻只要八美元。

　　連自身也產酒的澳洲人也臣服於紐西蘭的白蘇維濃之下，世人有所謂「紐西蘭出擊」之說，澳洲最受歡迎最暢銷的白酒，即來自紐西蘭馬爾堡的Oyster Bay的白蘇維濃。

　　這幾年紐西蘭頂級葡萄酒正悄悄地在酒客圈中攻城掠地，如果現在去酒友派對，送上一瓶知名的紐西蘭白蘇維濃或黑皮諾，反而會吸引較多人圍上來看酒標，也更佩服會送這種特別酒的愛酒同好。

　　二○○六年我又重返了紐西蘭，彷彿黃金國度降臨斯地，紐西蘭現狀一片大好，但對旅人而言，略感遺憾的是，因匯率和物價雙重上漲，紐西蘭變成有點貴的國家，不像二十多年前又便宜又美好，連我在皇后鎮旁差一點買的度假屋都漲了五倍，真叫人惋惜啊！

　　還好，有更好的白蘇維濃與黑皮諾可喝，我常想白蘇維濃之所以這麼受歡迎，和這款酒適合搭配的食物很多元，尤其適宜現在流行的輕食有關。夏日黃昏在馬爾堡的酒莊開上一瓶，不管是搭配朝鮮薊佐油醋沙拉、奶汁白蘆筍、茄子沙拉、鄉村肉醬、甜瓜生火腿等等都很對味。

　　真好，新世界又多了一個出品好酒的國度，正像剛出谷的黃鶯般發出清脆嘹亮的啼囀聲。

＊　新世界酒區（New world）：通常指那些被歐洲國家殖民過，或是近一百年才開始釀酒的國家，例如來自美國、加拿大、南美洲、澳洲、紐西蘭和南非等國的葡萄酒。這些國家釀酒技術繼承了舊世界（歐洲）的技術，且規範較少，釀造者可以自由地選擇他們想種植的葡萄品種和種植地，試驗各式各樣的釀造方法，因而製造出風格多樣的葡萄酒。

part.2

我喝故我在

Where there is a wine,
there is a way

我愛微醺，不知怎的，小飲的情緒特別高昂，
也許因為城市美、胃口好、人風雅，
讓人想過美好小日子的興致，
喝點葡萄酒，這種心願就很容易達成。

我愛在巴黎
微醺

Paris

在巴黎酒館喝酒,最好的是大部分的店藏酒豐富,來自法國東南西北各地大小酒莊的酒齊聚一堂,讓飲者有暫時走入酒林選美之感。

也不知道是什麼原因，我在巴黎特別渴，三不五時就像是犯了酒癮似的，到處探頭探腦找酒館（Wine Bar），我在世界其他城市，像義大利，喝酒總跟著大餐，在西班牙上 Tapas 小館，目的也是吃那幾十樣的 Tapas 小吃勝過喝一杯又一杯的雪莉酒（Sherry）或里歐哈（Rioja），只有在巴黎上酒館，雖也吃點乳酪、腸肚包、里昂香腸等，但目的卻是品嘗各地的葡萄酒。

有些人喜歡在酒莊試酒，但我並不太愛酒莊的情調，總覺得在酒莊喝酒，研究及工作的意義大過於生活與享樂，因為酒莊乃一地區一家之酒，適合深度品嘗，卻沒有各方英雄豪傑一起在路上醉的風味，在巴黎酒館喝酒，最好的是大部分的店藏酒豐富，來自法國東南西北各地大小酒莊的酒齊聚一堂，讓飲者有暫時走入酒林選美之感，尤其很多酒都可以一杯一杯地叫來喝，一天兩餐就算只喝個三、四杯，天天如此，一個月下來也覺得自己肚裡滿腹酒語了。

巴黎市中心本來就有不少家經典的葡萄酒吧，像位於 Les Halles 的大吊鐘（La Cloche），就是巴黎古老的葡萄酒吧，保持著一大早送葡萄酒桶進城的習俗，早期的葡萄酒桶都存放在如今很熱門的聖愛美濃（Saint-Émilion，也稱貝西公園 Parc de Bercy）舊日的葡萄酒庫內，這家大吊鐘酒吧就像古老的葡萄酒棧一樣，裝潢樸實，氣氛熱鬧，還可以大口喝葡萄酒（還有老客人會喜歡喝加水的葡萄酒），大口吃鄉土小菜，真是乾杯好胃口嘞！

在靠近歌劇院一帶的辦公區，有家老店 Le Rubis，是上班族最喜歡的邊吃午餐邊喝葡萄酒之處，英美清教徒不作興中午喝酒，但法國人是連吃三明治也要配杯紅白酒的，這家店用有名的普瓦蘭（Poilâne）鄉村麵包做三明治，當然要配杯葡萄酒了，店內還有里昂式的碗豆配鹹肉，用來搭隆河谷（Côtes du Rhône）紅葡萄酒最對味。

位於巴士底（Bastille）一帶的 Vins des Pyrénées，本來是間老酒館，後改裝為現代的葡萄酒吧，顧名思義，這裡的主力酒是西南酒，每月推

薦酒又好喝又實惠，這常常是專業葡萄酒吧的共同優點，因為敢開葡萄酒吧，很少有不懂酒之人，到葡萄酒吧喝酒，之後再跟著買某支好喝的酒，也是酒客的額外收穫，這家酒吧提供南方混合巴斯克（Basque）風味的小餐點也都十分可口。

位於羅浮宮附近的 Juvéniles，是高級的老店，葡萄酒的收藏十分豐富，有專業酒窖的派頭，吸引了不少專門來買酒的顧客，當然，願意多花一點錢的酒客若想品嘗一些較昂貴或稀有的酒，來這家準沒錯，當然，這裡下酒的餐點做得也很精緻，特別適合貴客小歇小飲一番。

位於皇家宮殿 Palais Royal 後面，有家開了二十二年的不算老也不新的 Willi's Wine Bar，老闆 Willi 光看名字就知道不是法國人，酒吧展現了比較時髦、知性、輕鬆的英法混合風格，食物也是帶著英法混血的創意料理，酒單以多元豐富的隆河酒為主，有近兩百種選擇，愛喝隆河酒的人，這裡是樂園。

位於聖傑曼（Saint-Germain）、聖米歇爾（Saint-Michel）大道交口的 L'Ecluse 是這一帶頗有名的老葡萄酒吧，展示的是一九二○美好年代的裝潢美學，店不大，但氣氛很迷人，酒單以波爾多酒為主，沒主意的人不妨就點每日推薦酒，都是好喝公道酒，小菜有乳酪、香腸、鵝肝、鴨肝等等，在吃大餐前來此喝兩杯開胃葡萄酒，是附近五、六區巴黎人的例行黃昏儀式，尤其是星期四傍晚喝黃昏酒更是巴黎人的微醺時光。

我愛在巴黎微醺，不知怎的，小飲的情緒特別高昂，也許因為城市美、胃口好、人風雅，巴黎就是有種讓人想過美好小日子的興致，喝點葡萄酒，這種心願就很容易達成。

想起了
香檳時光

Shanghai

香檳是酒又不是酒，喝香檳，亦在喝特殊的時光，跟平常生活不一
樣的時光，也許短暫，也許匆匆，但一定是美麗的……

前些時候去上海小休，沒喝到多少紅白酒，倒是香檳喝了不少，因為住在半島，和朋友會面，不免要試試他們有名的下午茶，其中有一款就配了香檳，不久前我也還在香港半島喝下午茶，沒注意到是否有配香檳，下午茶，顧名思義，茶是核心，喝茶會讓人以清醒的方式放鬆，但喝下午香檳，卻會讓人以微醺的感覺釋放，只適合可以慵懶過日子的人，還好我這回在上海沒什麼事，喝完了下午茶就回房打盹了。

香檳易醉，這個道理是誰都知道的，但香檳的醉也醉不深，只會有醉得有些迷離，彷彿霧中看花，香檳的氣泡就像那霧中花，閃閃爍爍晶晶瑩瑩，喝在喉中有些小刺激，看在眼中看不久，氣泡就消失了，香檳也就死了。

喝香檳要把握一瞬間，就是那活在當下的念頭，這一點使得香檳比一般紅白葡萄酒更適合用來紀念成功與愛情的場合。想想看，人們贏了一次合同或一場球賽，或人們覺得愛上了某個人的時候，都會想用香檳來慶祝，也許因為人們知道成功和愛情都像香檳氣泡般脆弱和短暫，香檳從不代表永恆，卻可以給人們立即的刺激與興奮。

香檳是年輕的，蜜月可以喝香檳，但老夫老妻慶賀鑽石婚，開老紅酒才合適，香檳充滿了朝氣，這一回在上海，我也去了兩個地方吃喝香檳早午餐，也讓我想起了過去在旅途上一些美麗的香檳時光回憶。

最盡興吃喝香檳時光的地方是在紐奧良（New Orleans），在這座頹廢華美的城市尚未被大水摧毀前，城裡最誘人的當屬香檳早午餐，田納西威廉斯經常在那買醉。我只要去紐奧良，一定會在上午十時多報到，帶著昨夜宿醉後仍然惺忪的雙眼，開始喝香檳配紐奧良附近泥沼地抓到的小螯蝦煮白酒，餐廳花園中有個爵士樂團演奏著紐奧良的爵士樂，陽光在樹影中移動閃亮，人們一杯一杯香檳下肚，這可是白日花花的上午呢！紐奧良的狂歡真是夜以繼日。

香檳早午餐代表的就是非尋常，絕不是每日營養早餐提供工作活力的概念，吃喝香檳早午餐的人得準備當天要無所事事的狀態，要有可以

讓日子閒耗的奢侈，因此一座城市開始流行香檳早午餐時，就代表城市裡有些人不僅慢下了生活的腳步，也懂得了品嘗荒廢時日。

上海早些年流行過活力早餐（Power breakfast），這是給快速向上攀爬的城市人的早餐，之後流行的周末早午餐，代表著有些人想在周末悠閒，到了周末香檳早午餐的階段，就表示有人想在周末懶著了。但上海畢竟還是勵精圖治的城市，還沒人敢像紐奧良般天天吃喝香檳早午餐，過起荒人歲月。

吃喝香檳早午餐時，音樂很要緊，絕不能是理性與感性平衡的古典樂，吵得讓人很興奮的搖滾樂也不行，沒個性的輕音樂也不成，即興的爵士樂挺好，靈魂樂也不錯。

有一回在洛杉磯老城帕薩迪納（Pasadena）的一間花園餐廳中用香檳早午餐，當天的樂團唱的就是像上教堂時會聽到的靈魂福音歌曲，黑人女歌手一直高聲地唱著：「喔～我主我主哈利路亞～」坐在繁花盛開的樹下的我喝著香檳突然感動起來，當天正是星期日，餐廳旁還有座教堂正在望彌撒，我突然覺得當天的香檳早午餐提供的沉醉並非人間的醉，而是神的迷醉。

香檳是酒又不是酒，喝香檳，亦在喝特殊的時光，跟平常生活不一樣的時光，也許短暫，也許匆匆，但一定是美麗的，像成功或愛情，不容易持久，卻永遠會留在心上。

夏光清飲
白酒

Taipei

趁著夏光明亮,在各地旅行時,喝不同風土出產的白酒,記住了幽
微的果香,成為回憶美好夏日的線索,到了另一個夏天,即使不在
旅行,都還是會回想起歌唱著〈Summertime〉的好日子。

每一年時序入夏後，就到了我的白酒季節，我發現一年當中，我喝最多白酒的時光，都集中在六、七、八、九月，此四個月，尤其是七、八兩個月，隨著暑氣的增溫，就會讓我特別喜歡喝白酒，一杯冰到剛剛好的白酒，倒進事先以同樣溫度涼鎮過的酒杯中，透明的玻璃杯中映出淡白至淺金的白酒，看起來就覺得很清涼，讓夏日都變得明亮了。

我很少單獨喝紅酒，卻可以只用綠橄欖就配著一杯白酒輕飲，尤其在夏天的午後，人有些疲倦昏沉時，一杯沁涼清冽的白酒可以讓人清醒過來；夏天的晚餐，胃口不太好時，只想吃沙拉或清淡的前菜，這時也只會想到喝白酒，沙拉最難配紅葡萄酒，還好有白酒搭配。

放假時，也敢從早餐就喝白酒，喝香檳雖然也可以，但總覺得太隆重，還是喝白酒家常些，弄一些鮭魚、黃瓜三明治，配上水果，因為有了白酒，就有了夏日旅行的情調。

真的，幾十年下來，出國旅行總以夏日最多，大概是因為外子在大學教書，暑假最長，有近三個月的假，寒假較短，只得一個月，春假更短，一兩周的時間常常花在去日本各地看櫻花，秋天的假也太少，光是吃大閘蟹、松茸的時間都不夠了。還好曾有一年的時間環遊世界，又曾在倫敦遊學了五年，那段時間可以自由自在的四季旅行，不像現在，覺得自己像候鳥，只有夏天、冬天的時間才能從亞洲去歐洲。

因為常常在夏日旅行，我的旅行記憶中充滿了在世界各地喝白酒的夏光，其實我基本上是愛紅酒勝過白酒的人，但偏偏一到夏天就轉性愛起白酒來，為什麼如此？主要是和食物的選擇有關。

常去法國、義大利的人都知道，某些較重視風土飲食的地方，四季的飲食差異頗大，例如在法國的普羅旺斯、羅亞爾河谷，西南區或義大利的托斯卡納、西西里等地旅行，自然會發現當地人餐桌上的料理是跟著四季食材轉動，尤其是夏冬兩季，有不少食物都不會出現在不同的季節餐桌上，像我常常夏天去普羅旺斯和托斯卡納旅行，去了好幾個夏天

後，才有空在寒冬中去普羅旺斯、托斯卡納，才懂了這兩地的料理都有雙面性，竟然和當地人的雙重性格有關。

法國人認為普羅旺斯人性格具有歡愉和沉鬱共存的特質；而義大利人也對托斯卡納人有同樣的看法，這兩個地方都是山城，夏天天氣很好，聚集了許多觀光客，但冬天的天氣卻很陰沉，遊客也很少，生活變得很封閉，而這兩地的料理，夏天的食物都很清淡，蔬菜很多，以沙拉、煎烤為主，冬天的食物卻很厚味，以野味、燉煮菜為主。

基本上，夏天的食物以配白酒為主，像夏日沙拉、冷肉盤或蘆筍、茄子、酪梨都適合白酒，普羅旺斯的燉雜蔬，除了玫瑰粉紅酒（Rosé）外，也都只能配白酒，夏天常吃的各色清淡乳酪，如布里（Brie）或卡蒙貝爾乳酪（Camembert）或山羊乳酪（Chever），都和紅酒合不來，配白酒卻很對味。

人們在夏天也比較喜歡吃魚鮮、家禽勝過牛羊，海鮮、貝類都宜白酒，法式原味烤雞也是白酒略勝，只有在冬天想到喝夏布利（Chablis）白酒時，才是為了冬日當令的生蠔。

夏天沒胃口時，會想吃些辛辣料理，當然也不宜紅酒，但格烏茲塔明那（Gewürztraminer）白酒卻很適合辛辣料理。

夏天人們愛吃水果，不管是哈密瓜、荔枝、水蜜桃都適合白酒，奶糕、布丁、冰淇淋配白酒也成，配紅酒卻不成。

白酒易喝，但喝到好白酒卻不易，因為釀造優質的白酒比釀造順口的紅酒困難多了，早年經驗不足時，常常喝到難喝的白酒，例如有的白酒人工香氣強到令人覺得像喝香水，有的白酒甜太甜，不甜的太單調平板，有的喝起來怪怪的白酒是因為加入抗氧化的二氧化硫……

總而言之，因為釀造白酒的白葡萄果皮太薄，容易受外力影響而讓果實腐爛，再加上白葡萄在陽光下容易曬熟，白葡萄的果皮又不像紅葡萄的果皮富含單寧易於存放，種種因素，都讓白酒的釀造充滿變數。

好在白酒比起紅酒，除了夏布利外，貴的白酒不多，可以常常嘗試

不同的白酒，多年在世界各地喝白酒，也喝出了一些心得，像夏多內葡萄品種，真的還是法國布根地酒區的夏布利最能發揮夏多內的獨特性，喜歡麗絲琳葡萄的人，法國阿爾薩斯和德國的莫塞爾河最能表現麗絲琳的清甜果香，法國羅亞爾河流域原生的白梢楠葡萄（Chenin Blanc）和白蘇維濃（Sauvignon Blanc）可釀出風味很細緻的白酒，隆河北部的維歐涅（Viognier）葡萄有強烈的天然香氣（近年美國華盛頓州也釀造出不錯的維歐涅白酒，在美國納帕酒區表現得不錯的格烏茲塔明那葡萄有一股飄忽的荔枝、玫瑰的東方風味，適合配東方料理。

趁著夏光明亮，在各地旅行時，喝不同風土出產的白酒，記住了幽微的果香，成為回憶美好夏日的線索，到了另一個夏天，即使不在旅行，都還是會回想起歌唱著〈Summertime〉的好日子。

冬日
南錫

Nancy

南錫不是有名的觀光城，卻像個珍貴的寶石般被識貨的人珍惜著，
這裡的餐館水準之高令人不可置信，廣場上百年的老餐館，賣的是
傳統菜，餐館裝潢美、菜又好……

我來到了被稱為甜蜜的洛林區（Lorraine）的南錫（Nancy），這個屢屢被我錯過的城市，來來去去法國三十幾回了，大部分的地方都跑遍了，鄰近洛林的香檳區和阿爾薩斯區也去過好幾回，怎麼就遺漏了南錫？

這一回臨時在巴黎想出外走走，就想到了不妨來洛林看看，沒想到心中並沒有特定計畫的我們，卻遇上了發源於南錫正在舉行的新藝術（Art Nouveau）大展。從南錫美術館到市政廳，都在展示新藝術大將艾米爾・蓋勒（Émile Gallé）和多姆（Daum）兄弟充滿了花草、昆蟲等美麗的流線造型的傢俱，玻璃、燈具、雕刻等等工藝作品。

我也沒想到南錫是如此美麗的小城，小小的地方竟然有三座廣場榮登世界文化遺產，其中最精采的是以南錫國王史坦尼斯拉斯（Stanislas）命名的美得不可思議的洛可可式廣場，站在廣場中間，會忍不住為人類可以創造這樣的美景而感動萬分。

南錫不是有名的觀光城，卻像個珍貴的寶石般被識貨的人珍惜著，這裡的餐館水準之高令人不可置信。史坦尼斯拉斯廣場上兩家百年的老餐館，賣的是傳統菜，餐館裝潢美、菜好，還可以喝到別的地方少見的洛林土爾酒區（Côte de Toul）的酒。這款風味特殊的白葡萄酒就產生離南錫不遠的土爾（Toul）小鎮的葡萄園，用來配洛林本地酥皮派和馬鈴薯豬肉腸、傑哈姆（Géromé）乳酪特別美味。因為南錫超乎想像的美好，我們把旅程多延期了三日，可以更放緩腳步品嘗市內更多的好餐館。

在法國經濟不太景氣的今日，這個小城仍保持著老錢（old money）的穩定和富庶。當地有很強的中產階級享受生活的傳統，尤其在舊城一帶，周末的豐富早午餐一位難求，食物都很考究，街上的糕餅店賣著最原始的馬卡龍（Macarons），原來風靡世界的馬卡龍蛋白酥不是巴黎原產，而是南錫修道院的傑作。

南錫還有家被喻為法國最華麗的餐廳，即在車站前不遠的L'Excelsior（當地人簡稱 Le Flo）。這座大廳充滿了新藝術的各種美麗裝

飾，從天花板的玻璃吊燈到傢俱，置身其中如同在博物館吃飯，菜亦是一流。我去了三回，喝香檳、吃生蠔，再吃法國的夏隆牛肉和薯條。

整個旅程豐富極了，但最讓我念念不忘的是我在洛林小城內去過的好幾家咖啡館。

某年十二月此地下了好幾場大雪，積雪深至腳踝，就算從洛林火車站到旅館不過十幾二十分鐘的腳程，我也忍不住要分成兩趟來走，總是在路過一間從門外望進去閃耀著燈火充滿了溫暖的光芒、又晃動著人影的咖啡館，我就受不了吸引地推門進去。下雪的冬日能走進任何一家陌生的咖啡館都是世界上最幸福的事，如果咖啡館中還有壁爐正燃燒著柴火就更美妙了，這樣的咖啡館比大教堂的彌撒更能慰藉異鄉旅人的心靈。在這些咖啡館裡，我都會叫上一杯熱紅酒，每家的味道都會有些細微的差別，根據肉桂、八角等配方的不同，但卻一樣好喝，撫慰身體，並且讓精神愉悅。

太講究葡萄酒是否高級的人，是不會懂得熱葡萄酒的價值就在於用最平凡的餐酒做出提升靈魂的飲料。熱葡萄酒是歐洲北方城市冬日代表耶穌熱血的飲料，沒聽過富人進天堂比駱駝穿針眼更難嗎？一杯三歐元的熱葡萄酒可能更適合天堂吧！

短短幾日的南錫行，讓我愛上了這個小城，竟然興起了想在這裡住一陣子的幻想，舊城有許多兩層樓的石頭洋房，配上小小的花園，看了路邊的地產資料，竟然也不貴，但待在這能做什麼呢？一會兒夢就醒了，但旅途中偶爾面對一個陌生的地方突然有墜入情網之感也不錯。

突然愛上城市比愛上人簡單多了，就算離開了，隨時可以再回來探望。

南錫，再見了！

喝香檳
的旅程

Reims

冬天雖然很冷，卻比夏天更適合喝香檳，因為天冷，氣泡反而比較冷凝，不像夏天那麼容易變熱揮發，再加上冬天口中的溫度也比較低，反而更能品嘗出香檳細緻的風味

冬日來到法國香檳區的蘭斯（Reims），景觀和夏天大不一樣，觀光客很少，我們在傍晚細雨中去聖母院大教堂，雨中打著燈的教堂光影迷離，美得不可思議，進入教堂內，竟然全教堂除了我們外只有另一人，再加上賣教堂紀念品的人員，和多年前夏天來遇到好幾團觀光客的情狀大不相同，我直覺這回臨時決定從巴黎坐四十分鐘的 TGV 高鐵在蘭斯小住三夜的決定對了，旅行時心境最重要，能靜下心來才能窺得旅行的真趣。

這回決定來蘭斯，目的是好好吃一些香檳區的菜和喝香檳，一般人可能覺得那裡喝不到香檳，非得到產地不可？大家有所不知，香檳哪裡都買得到，香檳區的香檳酒雖然比巴黎的酒舖便宜些，但也不必為買酒前來，真正有差別的是在餐館、酒館、咖啡館中喝香檳，因為這些香檳區的店主為了推廣香檳，往往會訂出比巴黎便宜一半以上的價格。

像我坐在蘭斯歌劇院對面華麗極了的 Café du Palais，餐單上有各家香檳酒廠的香檳酒，起碼有二十家，每一瓶香檳在餐館內開瓶都只要五十八歐元，餐館可是一流的，賣五十八歐元的香檳是不準備賺錢的。

冬天雖然很冷，卻比夏天更適合喝香檳，因為天冷，氣泡反而比較冷凝，不像夏天那麼容易變熱揮發，再加上冬天口中的溫度也比較低，反而更能品嚐出香檳細緻的風味，此外，天冷喝香檳，身體也比較不會上熱，喝時比夏天舒服多了。

此外，香檳可以搭配的食物，也以冬天的食物居多，像冬天吃法式海鮮冷盤，不管是吃半打一打生蠔、龍蝦、螯蝦、扇貝、螃蟹，也是冬天比夏天好吃，開一瓶香檳，慢慢喝、慢慢吃各種海鮮拼盤，真是幸福。

香檳區的食物一向以精美細緻著稱，這裡的河鮮、蔬果品質很好，因為蘭斯很富，加上賣酒買酒的人通常都是很懂食物的人，也有不少有名的餐館，像 Boyer 飯店就以龍蝦和松露料理聞名。

這回在蘭斯，我打定餐餐喝香檳，過足香檳癮，試了很多搭配，都覺得香檳比一般白酒好配，像我很愛吃的韃靼牛肉，因為會加酸豆、洋

蔥、辣汁、黑醋，並不好配白酒，配啤酒卻太粗，配香檳卻很好。

　　香檳也很配奶汁料理，像用香檳煮鱈魚、河鱸、梭子魚加奶汁，配香檳就很爽口，也只有香檳區才真正敢用香檳當料酒，因為這裡有不少香檳合作社能提供豐富物廉的香檳選擇。

　　香檳也很適合洛林區（Lorraine）出名的酥皮料理，各式小酥皮點心，都做得很精巧，搭香檳也比白酒適合，我還發現香檳也很配馬卡龍甜點，馬卡龍的口感很細緻，一咬就在口中溫柔地脆散的感覺，天生很配有細緻的氣泡在口中滾動的香檳。

　　還吃了幾次以香檳酒做成的冰淇淋，冬天吃冰淇淋不是需要而是想要，吃來別有風味，但冬天吃過冰淇淋後，一定要喝杯熱咖啡，否則離開餐館走到外面天寒地凍會受不了。

　　三天下來，起碼喝了五瓶香檳，開心極了，這一趟冬日喝香檳的旅程，就算提前歡度聖誕節吧！

白蘭地
之醉

Périgord

干邑白蘭地酒口味十分優雅細緻，香氣濃郁，有人形容像是高雅的
貴婦，越與之親近越有味道。

我喜歡像法國人一般，在喝完咖啡，抽雪茄時，來一小杯白蘭地（Brandy），有時還作興用雪茄小浸白蘭地，等乾了後再點火，讓抽雪茄時有股酒薰味。有一家叫 Hine 的酒廠，就根據這個傳統，做了一款「Cigar Reserve」（雪茄珍藏）的白蘭地，不少雪茄吧都喜歡收藏這款酒。

喝白蘭地時，用的多是圓口大肚杯（也叫氣球杯），要先用雙手的熱氣溫暖酒杯，讓白蘭地酒氣微微上升，一邊嗅聞白蘭地的香氣，一邊細細品味。喜歡這種喝法的人，形容這是「白蘭地之醉」。這種喝法，真讓那些拿白蘭地乾杯的人汗顏，如果將白蘭地喻為美人，大口飲盡的人，猶如上床三分鐘就解決的莽夫，而先暖酒後細品者，乃懂得溫存纏綿真意的雅人。

我並不常飲白蘭地，但偶爾會在冬天的晚上，喝飯後咖啡時，加一點白蘭地。咖啡熱氣所薰出的白蘭地香氣，會讓咖啡有種獨特的味道。威士忌也可入咖啡，但以我的經驗，白蘭地加咖啡比較好喝，兩者味道較合。

干邑白蘭地酒*的發現（或發明）來自意外。釀造的葡萄酒容易壞，競爭不過波爾多的鄰近酒商（以夏南特河 Charente 一帶為主），商人怕滯銷在倉庫中的酒變質，就把剩下的酒煮了（可以殺菌），再加以蒸餾後再販售。據說發明這種方法的是荷蘭人，「Brandy」的名稱也是由古荷蘭語「Brandewijn」而來，意思是「煮過的葡萄酒」。這種說法很有趣，因為荷蘭人一向以節儉小氣出名，怪不得會想到把快酸壞的酒，廢物利用來變成白蘭地。

經過蒸餾技術的不斷研究，今日高級的白蘭地當然和當年煮過的酒大不相同。製造干邑酒時，要將老酒、新酒及原酒混合調製；最重要的是老酒，每家白蘭地酒廠，都會有密藏的老酒倉庫，酒齡多少都是各家保密重點。這點很像中國人做滷味或肉燥，原汁的年份最重要。

干邑白蘭地酒口味十分優雅細緻，香氣濃郁，有人形容像是高雅的

貴婦，越與之親近越有味道。干邑的等級從最高的 Extra、XO、VSOP 直到三星級不等。較有名的酒廠有馬爹利（Martell）、豪達（Otard）等。

和干邑細膩的口味有所不同的是雅文邑（Armagnac），較不為人所知。雅文邑的口味較粗獷樸實，因為蒸餾法不同，而且只蒸餾一次。雅文邑（也是地區名）一帶，靠近法國西南部的美食聖地佩里戈爾（Périgord），我在一九九五年時曾到那裡旅行。當地盛產鵝肝、松露，我在一間小餐館中，吃了用雅文邑煎出來的新鮮鵝肝，滋味十分鮮美。

佩里戈爾位於法國西南多爾多涅（Dordogne）地方的省會，離波爾多酒鄉不遠，坐地方火車約一個多小時即可抵達，佩里戈爾人口不多，約五、六萬，卻有法國美食的麥加（朝聖地）之美稱，為什麼？因法國人心目中的兩大珍饌──黑松露和鵝肝，以佩里戈爾為集散地出產的品質最優，曾有人說，法國人會把普羅旺斯的黑松露運到佩里戈爾假冒成當地貨，卻不可能把佩里戈爾的黑松露運去普羅旺斯，可見兩者地位高下。至於鵝肝，除了佩里戈爾外，只有阿爾薩斯也以鵝肝出名，但美名也不如佩里戈爾。

一九九七年我在倫敦時，曾參加波特貝羅市場內有名的 Book for Cooks（廚師書店）辦的美食之旅，又專程去了佩里戈爾一趟。

佩里戈爾位於法國西南向西班牙西北的聖地康斯坦波朝聖古道上，也因此從中世紀就開始繁榮，當地留有不少世界文化遺產的大教堂，如聖福安大教堂（Cathédral St-Front）。

干邑及雅文邑都是葡萄做成的白蘭地，法國還有另一款白蘭地，是用葡萄殘渣做的 Eau-de-vie de Marc（渣釀白蘭地），也可簡稱為「Marc」（音「馬爾」，意即為渣滓）。 產地自然都是酒鄉，利用做葡萄酒所剩餘的渣滓製酒，比較有名的有布根地、香檳、阿爾薩斯。這是標準的農人酒，口味濃烈，但宿醉時會留下難聞的味道。在法國南部，渣釀白蘭地是僅次於茴香酒的大眾酒。我為了好奇，喝過一次渣釀，但實在不太能接受那種辛辣的味道，有點像喝了劣質的高粱酒一樣。

比較起來，義大利人做的葡萄渣釀白蘭地（Grappa）就比較可口，義大利人喜歡把它當成消化酒，在吃多了義麵及乳酪而飽脹時，喝上一小杯 Grappa，肚子馬上舒服，又可以開懷大吃第二攤了。義大利 Jacopo Poli 酒廠的渣釀白蘭地很高級，我尤其喜歡酒瓶，設計成像煉金術士的器皿，完全透明的酒器，配上比水還純淨的透明酒液，真是美極了。

　　我在義大利喝到最好的 Grappa，是在托斯卡納席恩那古城附近的蒙特奇諾小鎮，這裡以布魯內諾（Brunello di Montalcino）聞名於世，但較少人知道當地的 Grappa 也一樣優秀，香醇而柔美，有勁卻不辛辣。

編注：

＊　干邑白蘭地：「干邑」是法國白蘭地產地「Cognac」，在法國一般不稱之為白蘭地，而稱「Cognac」，受 AOC 管控。

喝波歇可氣泡酒
的日子

在夏天微熱的上午，一杯冰涼清爽的波歇可入口，會讓人精神為之
一振，隨著酒精帶來的輕度興奮感開始一天的行程，自然會驅散長
途旅行中偶爾會有的疲憊。

Blue sky, warm sun, and sharp colours typify an Italian summer;
along with the echoing of the call "Prosecchiamo" ......drink
Prosecco. Our writer tells of her adventures while traveling
throughout Italy imbibing Italy's most famous sparkling wine.

隨著氣溫的上升，夏光越來越明亮，我都會想起夏天的旅途上在義大利喝波歇可（Prosecco）的日子。

波歇可是義大利的汽泡酒，法國香檳是氣泡酒，但氣泡酒卻不見得是香檳，因香檳是專利的產地之名，波歇可當然不像香檳那麼出名，但對義大利人而言，波歇可卻比香檳更迷人。

我也是在義大利旅行時愛上波歇可的，最早是在威尼斯，在里亞托的早市，看當地人吃著三角形小三明治（當地人稱之 Tramezzini），常會配上一杯閃爍著清亮細泡的白葡萄酒，平常的我只在午餐時才開始喝酒，但旅途上有一特權就是可以一大早醒來不久後就從早餐開始喝酒，這就是我和波歇可的最初邂逅。

在夏天微熱的上午，一杯冰涼清爽的波歇可入口，會讓人精神為之一振，隨著酒精帶來的輕度興奮感開始一天的行程，自然會驅散長途旅行中偶爾會有的疲憊。

波歇可有獨特的芬芳香氣，果酸分明，口感爽利，波歇可本是傳統上栽種在威尼托（Veneto）和弗留利 - 威尼斯朱利亞（Friuli-Venezia Giulia）的白葡品種之名，後來以這種葡萄釀製成的氣泡酒也採用此名，波歇可在義大利開始釀製是十九世紀，當然是受到法國香檳酒的啟發，因為威尼托和弗留利兩區都位於義大利北方，受到來自北方阿爾卑斯山的冷空氣以及南方亞得里亞海的溫暖海風的影響，使得波歇可白葡萄特別適合釀製成氣泡酒。

波歇可本來並非產地限定之名，因此產生不少用波歇可葡萄釀造的良莠不齊的酒，但從過去十年，義大利政府重新規範了只有北方兩州的產地才可冠上「Prosecco」之名，也使得如今市場上的波歇可有了更穩定的品質。

喝過高品質的波歇可的人都知道，這款酒會散發白桃和青蘋果的果香，尤其是種植在丘陵山丘上的葡萄最能涵蘊出豐厚的果香，使得波歇可氣泡酒成為義大利最受歡迎的開胃酒（Aperitivo）。

義大利人可能是全世界最愛喝開胃酒的民族了，從清晨上午來一杯波歇可展開一天，午餐前也喝一杯波歇可開胃，喝黃昏酒時波歇可更不可少，一天下來，波歇可成了隨時為夏天生活打拍子的餐前酒，而義大利人也發明了「Prosecchiamo!」這句口頭禪，意思是大家一起來喝Prosecco 氣泡酒吧！

從威尼斯開始，我開始了到處喝波歇可的旅途，尤其在北方的城鎮，在帕多瓦（Padova）的早市，在火腿攤前一杯波歇可在手、品嘗著帕瑪的生火腿是無上享受，在特里雅斯特（Trieste）的老咖啡館中喝著黃昏的波歇可，配上精心製作的各式小鹹點，也是旅途上難忘的回憶。

義大利波歇可聽起來當然不像法國香檳那麼高級，但卻有種比較貼近日常生活的親近感，讓喝波歇可成為讓人更放鬆的一種生活態度。

「Prosecchiamo ！來喝波歇可吧！」

就會讓人想到生活中的那些閒適、輕快、慵懶的時光；但來喝香檳吧！卻總有一種高姿態的慶祝什麼的宣示。

夏天的腳步已經一步一步靠近，我即將展開年度的歐洲夏之旅，想到不久後又將在旅途上來一杯波歇可，心裡就已經洋溢起開心的氣泡了。

義大利的
黃昏酒

Venezia

黃昏酒是義大利從北到南常見的生活儀式，在每天近晚的五點半到
七點半期間，小酒館會提供各式各樣的點心，只要顧客任點一杯酒，
小點就可無限供應……

若問起我對義大利最懷念的事物是什麼？我心中早有答案，就是每天傍晚到小酒館去暢飲黃昏酒。

黃昏酒是義大利從北到南常見的生活儀式，在每天近晚的五點半到七點半期間，小酒館會提供各式各樣的點心，只要顧客任點一杯酒，小點就可無限供應。

這種黃昏酒，聽起來頗像英美人士傍晚的 Happy hour，但英美人贈送的點心多半只有洋芋片和花生，義大利提供的小點卻多彩多姿。

我第一次遇上黃昏小酒館，是在威尼斯，那一回我在傍晚時分經過學院橋，看到橋邊不遠處有個小酒館人聲喧嘩，走近一看，許多本地人而非觀光客在那高聲談笑，人人手裡都有一杯酒，也有不少人一手持酒杯，一手拿著名叫克羅斯蒂尼（Crostini）的烤小片麵包，說起 Crostini，這是義大利人從早吃到晚的 Open sandwich，把義式拖鞋麵包切成半個手掌大小，一公分厚，最簡單的吃法是用切開的大蒜在麵包上抹一抹，滴點橄欖油和黑胡椒、海鹽，還有加上番茄和羅勒的，也有各種較豐盛的版本，例如在麵包上放了帕瑪火腿、無花果的，或放了佩克里諾乳酪（Pecorino）和豌豆的，或放了帕馬森乳酪和橄欖的，或放了烤蘑菇和烤莫札瑞拉水牛乳酪的⋯⋯

總之，Crostini 的作法千變萬化，端看個人巧思，我曾在威尼斯附近的古城帕多瓦的早市，看過一家名店一大早就大排長龍，可以從近五十多種 Crostini 中挑選當天愛吃的風味，因為 Crostini 很小，胃口大的人一早可以吃上四、五種不同的式樣，有的附近常客天天來，怪不得店家要準備那麼多花樣。

威尼斯這家叫木桶（Al Bottetgon）的小酒館準備的 Crostini 沒那麼多，只有五、六種，但還有夾著義式臘腸（Sopressa）的小圓麵包，還有一些開胃菜如義式肉腸 Mortadella，和麵包粉炸沙丁魚，還有鹹鰻魚佐水煮蛋等，我因為有點餓了，就想買一些點心配酒喝，沒想到在付帳時，店主只收了酒錢，我以為店主忘了，提醒他，店主微笑地告訴我開

胃點心都免錢＊，愛怎麼吃就怎麼吃。

　　怎麼可能？我想起在帕多瓦早市可是付了不少錢買 Crostini 的，怎麼到了傍晚就不要錢了，但事實就在眼前，人家就是不收錢，當天晚上，我和先生倆人吃了不少 Crostini 和開胃菜，配酒先喝了威尼斯人最愛的氣泡白酒波歇可（Prosecco），之後又叫了一杯 An Ombra （店內特選紅酒），還是不錯的 Montepulciano 的紅酒。

　　因為點心吃多了，那天晚上我們原本預定要去吃的晚餐只好取消，後來我們又在威尼斯不同的小酒館喝過幾次黃昏酒，逐漸發現大部分義大利人都不會在喝黃昏酒時貪多吃飽，喝黃昏酒是一種生活儀式，是店主在一天之末招待客人之道，而且因為義大利人的晚餐吃得很晚，小酒館只是聊天喝酒解饞之地，消磨個一兩小時，填一下肚子，真正的晚餐要等到晚上八九點才吃。

　　慢慢地，我和先生學會了義大利人的生活步調，不再六點多就跑去餐館吃晚餐，常常整個餐廳都只有我們這一桌，餐館沒坐人，吃餐的氣氛就很清冷，想跟義大利人同時吃晚餐，黃昏時就一定得先填肚子。

　　話說是填肚子，但有些小酒館卻以這些免費贈送的各式開胃點出名，製作美點的目的當然還是招徠客人，因為店主賺的是酒錢，但酒每家能提供的都差不多，只有自製的小點能出奇制勝，店主也不怕客人吃，西方人吃多就喝多，我的義大利朋友常常喝黃昏酒就喝上四、五杯，花的酒錢比吃正餐還多。

　　有一回我住在羅馬的萬神殿附近，附近有一家很精采的喝黃昏酒和吃開胃小點的店，店主做的開胃點很少，只有七、八種，但道道精采，像酥炸鼠尾草夾鰻魚、還有嫩朝鮮薊心、迷迭香酥炸玉米糕，都不輸有名的餐廳做的前菜，此招果然奏效，我在羅馬期間天天黃昏去報到喝黃昏酒，但店主的酒賣得並不便宜，所以說羊毛還是出在羊身上，但喝黃昏酒本來就是義大利人慢活開胃的人生態度，先把吃飯的心情準備好了，再悠悠閒閒、好整以暇地去享用晚餐，遇到好的開胃菜，的確讓人

更期待晚餐。

最近又要到義大利去旅行了，想到多年前的夏天也去了義大利，先在南方的卡布里島（Capri）玩，後來北上到了比薩（Pisa），本來只想待兩天，卻突然不想動了，竟然在比薩這樣的小城待了快十天。為什麼？有時旅行就會這樣，不照計畫的行程走，為什麼會在比薩停下，因為發現這座大學城很有生活風味，看完斜塔的觀光客多半在下午兩點前就坐巴士走了，整個城從下午就變得很安靜，只剩下暑修的學生和老師，街上的市政廳前還有露天的西洋棋賽，上百人安安靜靜坐在古老廣場上的小桌小椅前下棋。

吸引我們留下來的，還有大學方場前兩家黃昏酒館，光顧的多是學生和教授老客人，氣氛很雅，準備的食物又大方又好吃，兩家各有特色，一家以 Crostini 為主，另一家以小圓麵包夾餡為主，不時會換生牛肉片乾酪、哈密瓜生火腿、醃漬朝鮮薊、炸夏南花等等不可思議的美點，我們在比薩第一天就發現了這家店，接著天天晚上都去，到了第三天店主已經把我們當老客人看，我們雖然是客人中唯一黑髮的東方人，卻依然有賓至如歸之感，兩家酒館提供的紅白葡萄酒都很不錯，一家以奇揚第（Chianti）的酒為主，另一家是蒙塔奇諾（Montalcino）的酒，可以喝到很好的布魯內諾（Brunello）。

喝黃昏酒，像一天的休息曲，讓人打從心底放鬆，踩著歡愉的腳步回家（我們則是回旅館或去吃晚餐），自從養成了喝黃昏酒的習慣，晚餐都變得特別好吃了，為什麼？因為肚子已有三分飽，不會飢不擇食，反而會安靜下來慢慢挑選、慢慢咀嚼品味食物，這正是懂得享受慢食的義大利人，創造了開胃的黃昏酒奧祕。

編注：
＊ 目前義大利餐前酒搭配的 Crostini 小點並非全都免費，有些餐廳也開始收費了。

佩魯嘉山城
吃地食喝地酒

Perugia

不知為何,佩魯嘉的名氣也許不如托斯卡納,即使在八月,觀光客也不多,我很怕和一大群觀光客擠在一起旅行,不免會失去日常生活閒趣,佩魯嘉就很好,有種到友人家做客的感覺,雖還是客,但整個山城還是屬於主人的,沒有被觀光客霸占的感覺。

從羅馬北上，搭乘區間火車，來到溫布利亞省（Umbria）的首府佩魯嘉（Perugia）。這座建於青翠山丘上的中世紀古城，有著許多非常壯麗的歷史建築，火車站在山丘底下，要搭乘巴士或行走登山電梯，就到了佩魯嘉的中心山頂區，從城南邊的義大利廣場，沿著凡紐奇大道（Corso Vannucci），兩旁都是巨大的磚石大廈，其中有溫布利亞國家藝術館，展示著溫布利亞三千多年的文化風貌，在步行不過五分鐘的大道底端，即十四世紀起開始建設的大教堂和聞名的十一月四日大廣場，廣場有座噴泉，噴泉旁雕刻著舊約的故事，和佩魯嘉獅身鷹首的象徵。

也許因為佩魯嘉地勢高，在這裡仰望藍天，會覺得天空特別的低、也特別的晴朗，高地清爽而透明的空氣呼吸起來有種沁心的痛快，佩魯嘉是我一到就立即喜歡的山城，過去其實久聞佩魯嘉的大名，但我雖然來過義大利十幾回了，但不知何故，都在義大利北方或南方的大城小鎮走透透，中部也差不多玩遍了托斯卡納省各地，但佩魯嘉和溫布利亞省就錯過了。

溫布利亞省有義大利的綠色心臟之稱，這裡的森林原野農地面積比過度開發的托斯卡納省要大多了，不管沿著火車道或丘陵路道，放眼看去都是青翠的山林綠野，看了真舒服，也許是自己年紀已長，如今越來越喜歡比較疏闊淡泊的風景，想起最早和我推薦溫布利亞省的人是我在倫敦的鄰居，是位五十多歲典雅的英國仕女，當時的我喜歡的還是托斯卡納、西西里，但這位女仕卻對我說托斯卡納太吵了、西西里太亂了，隔了二十年，如今我才開始明白她話語的道理。

靜謐的山城

但佩魯嘉並非老年人專屬的城市，這裡是世界各地的年青人在義大利學語文的重鎮，當地的外國人大學（Università per stranieri di Perugia）

每年都有近萬名十八歲到三十多歲的學生在此求學、生活，使得佩魯嘉洋溢著強烈的年輕人的色彩，但不像佛羅倫斯因過度喧囂，許多怕吵的老年人都避開了市區，佩魯嘉仍是個寧靜的山城，市中心的街道上從清晨到黃昏到夜晚，都可以看到七、八十歲的老人散步其間，我在佩魯嘉的那一星期中，天天看到一位八十多歲的義大利老先生，天天換穿著粉黃、粉紅、粉藍鮮豔色彩的全套西裝衣褲，一頭白髮、打著配套的彩色領巾，早晚都在凡紐奇大道上慢步一、兩小時，有時還邊走邊吃著捲筒冰淇淋，真是佩魯嘉悠閒生活的最佳代言人。

不知為何，也許因為觀光的名氣不如托斯卡納，即使在八月，這裡的觀光客的人數真的蠻少的，連舉辦中世紀慶典遊行的當天，參加者也大都是本地四大教區的居民，觀光客也不多，我雖然自己也是觀光客，但最怕和一大群觀光客擠在一起旅行，不免會失去日常生活閒趣，佩魯嘉就很好，有種到友人家做客的感覺，雖還是客，但整個山城還是屬於主人的，沒有被觀光客霸占的感覺。

這回來佩魯嘉，除了看山城風景、看中世紀建築外，另一個主要目的就是吃菜喝酒，溫布利亞省的食材和酒，在國際名氣上當然不如托斯卡納、倫巴底（Longobardi）、皮埃蒙特、西西里（Sicilia）各省，但我的羅馬朋友卻告訴我，在義大利，真正好的地方食材光內銷就不夠了，怎麼會大力外銷，尤其是優質的地方料理和酒，都是每個地區自己保留的 Best secret，一定要到當地去才吃喝得到。

這回在佩魯嘉，我總算明白了朋友此番言談的真義，我真沒想到，小小的佩魯嘉，竟然有那麼多美味的餐館，小食堂、熟食舖、乳品舖、冰淇淋店，其中許多店都是老字號，後來我想通了，像佩魯嘉這類的山城，最繁華的時代都在中世紀，但中世紀時山城的生活是很封建保守的，每一個小城都得自給自足，不太和外地通商貿易，因此自然會產生把自己的事做到最好的工藝精神，不像文藝復興後，進入開放的時代，貿易賺到的錢一定比手工藝多，生活的速度也比較快，但食物這回事，

尤其是鄉土菜餚，往往有賴慢工出細活，和全球化、國際化的精神是背道而馳的。

澳州出版的寂寞星球（Lonely Planet）義大利旅遊書中，把一家小小的佩魯嘉餐廳 Osteria del Ghiottone 列為全義大利五家最佳的餐館，這樣的宣傳夠大了吧！但我去的當天晚上，本來就只能容納二十人不到的家庭式餐廳，卻只來了八位顧客，人真少。但，當我們點的食物一上桌，不算吃遍也算吃過不少義大利各地餐館的我，立即知道寂寞星球沒騙人，這真是家好餐館，當晚我們叫了老闆親自製作的手捍麵條 Umbrichelli（溫布利亞地區聞名的麵條），口感彈牙有勁，麵香濃厚；我們也叫了溫布利亞省黑松露出產勝地的諾爾加（Norcia）的名食諾爾加小帽子（Ravioli alla Norcia），即包著厚厚的黑松露的小餛飩；還叫了簡單的烤牛排，雖然佛羅倫斯以大牛排出名，但這裡標榜的溫布利亞本地牛的牛排比起佛羅倫斯卻一點也不遜色。

九月味覺之秋

溫布利亞的美食以善用本地食材和簡單烹飪手法，特色食材包括九月、十月上市的牛肝蕈、珊瑚菇、扁豆、栗子、玉米、黑松露、白松露、橄欖，我們這回來佩魯嘉時正值九月味覺之秋，剛好可品嘗到一年之中溫布利亞最好的農產。

第二天我們去佩魯嘉附近的古鎮古比歐（Gubbio）遊覽，中午在農莊中吃古比歐的野豬香腸配玉米餅和牛肝蕈寬麵，都是簡單料理，但吃來很舒服，當天晚上回到佩魯嘉，選了一間大教堂後的老餐館 Il Falchetto，叫了當地特色的菠菜湯糰砂鍋，又吃了灑滿黑松露的細扁麵，雖然定價也不便宜，但由於近產地，黑松露給的很大方，和在大城市吃一比就便宜多了。

之後的幾天，我們又試了不少餐館，吃了本地有名的迷迭香烤乳

豬、黑松露玉米餅、栗子餃、香料煎豬肝等等，每一餐都吃得很滿意。在旅行異地試不熟的餐館能有如此運氣並不容易，可見此地飲食的水準，除了餐館好食外，剛從以冰淇淋老店聞名的羅馬來的我，竟然在佩魯嘉發現了兩家不輸羅馬的冰淇淋店，還在市集廣場上的小食舖吃到好極了的手打鮮奶油和各式美味三明治，而大教堂旁熟食店中的溫布利亞臘腸、乳酪、麵包也都很可口。

除了當地食物外，這回在佩魯嘉餐餐叫溫布利亞酒也都令我非常滿意，我們拜訪了溫布利亞省知名的酒鄉──蒙泰法爾科（Montefalco），這座小鎮的廣場上有幾家可喝到不少當地葡萄酒的酒吧與酒肆，蒙泰法爾科的葡萄酒平均價格不太高，因此只要肯買價格略高的，就可以買到珍品，像我在餐館中點二十至三十歐元的陳年 Montefalco Reserve，就可喝到果香濃郁、口感渾厚、滋味深沉的好酒，比起一些價高、但不老實的托斯卡納葡萄酒好多了。

溫布利亞的橄欖油和葡萄酒的知名度都不如托斯卡納，但別以為所有的托斯卡納產品都好，溫布利亞人只是比較不善做宣傳，也比較無法挾帶觀光盛名之勢，但好酒沉甕底，肯慢慢旅行、發掘在地的美酒美味之人，就可以發現隱逸的珍品，這才是旅行的真趣。

在羅馬慢慢遊、
慢慢食

Roma

我們就計畫來羅馬的第一晚先不外食了，先把我想念的羅馬本地美食買個夠，回旅館好好飽食一頓再說，因為早知道自己喜歡買當地熟食自炊……

八月下旬臨時決定去義大利旅行，計畫近一個月的行程，一路從羅馬北上到米蘭，因為義大利已是我旅行過十多次的國度，這回一路選擇要停留的大城小鎮，選的都是重遊之地，自然不必看什麼早就看過多次的名勝古蹟，心裡想著這回可要慢慢遊、慢慢食，好好地把這次夏末初秋的旅行，當成再度回味義大利美食美酒和人情的美好旅程。

一到羅馬，在旅館安頓好行李後，就直奔泰斯塔喬區（Testaccio），泰斯塔喬本是羅馬庶民生活街區，曾經是肉品屠宰批發中心，這裡住的多是知道如何把廉價的第五部分肉品（內臟）變成美味的勞工階級，在泰斯塔喬區有一家被喻為全羅馬最好的百年食品雜貨店「Volpetti」，這家熟食舖以各種肉製臘腸、香腸、火腿出名，再加上各種乳酪、冷菜、麵包、糕餅等等，難怪 Volpetti 有個外號叫「食物的天堂」。

我每次來 Volpetti，都要先花三十分鐘欣賞、讚嘆店裡的各種美食，完全像與久違的情人重逢般地興奮，一直要等到心情稍稍平靜下來，才能好整以暇地買東西，因為這裡好吃的太多了，我們就計畫來羅馬的第一晚先不外食了，先把我想念的羅馬本地美食買個夠，回旅館好好飽食一頓再說，因為早知道自己喜歡買當地熟食自炊，這一回我們找的旅館就在羅馬萬神殿側巷內一棟十九世紀的老建築內，而這家旅館最好的就是有幾間附簡易廚房設備的套房，可以自己料理食物，還可不時請兩三位友人來用餐。

當下我在 Volpetti 為晚餐就開買了，買了羅馬式醋漬朝鮮薊，夏末仍是時令菜的炸胡瓜花釀鯷魚，羅馬本地人最愛的佩克里諾（Pecorino）綿羊乳酪，如果是春天，配新鮮蠶豆吃最棒，現在是夏末，配核桃也不錯，接著又買了羅馬本地的豬肉臘腸、涼拌蕃茄筍瓜紫茄丁涼菜，再加上義式燒餅，哎呀！真是完美豐盛的夏末涼菜晚餐，這些羅馬本地食物，都是我來羅馬前心裡思念著的美食，這些產於、製於本地的食材，是沒法在外國再高級的義大利餐館吃得到的。

買了熟食後，接下來是去泰斯塔喬著名的本地半露天的傳統市場買

水果，除了時令的紫色、綠色無花果外，羅馬的本地西瓜也富盛名，因為還是採傳統農業栽培，羅馬的西瓜不僅口感綿密、滋味甘甜，最特別的是有一股獨特的西瓜香，這樣的西瓜香是我最久違最懷念的香味，在台灣童年的夏夜經常聞到的香味，後來卻因土地過度施肥而消失了。

接著，該買酒了，吃的是羅馬地食，怎麼可以買托斯卡納或皮埃蒙特酒呢？當然要買羅馬鄰近的地酒，於是我們走到市場旁的小酒舖，挑了一瓶評價很不錯的奧維多（Orvieto）的白酒來搭配晚餐，也拿了兩瓶羅馬附近小村莊產的氣泡礦泉水。

十多年前在羅馬旅行，就發現到當地友人對食物的碳里程很注意，但我們的友人並非狹隘本土食物主義者，他們幾乎年年到亞洲旅行，到中國、柬埔寨、泰國、越南等地，都吃當地食物，我和他們在羅馬用餐，發現他們叫來叫去，都在叫拉齊歐省（Lazio）自養的燒小羊腿、羅馬式蕃茄牛腸管麵、羅馬猶太式炸朝鮮薊等鄉土料理，喝的酒和礦泉水也都產自拉齊歐省和鄰近的坎佩尼亞省（Campania），我問他們這樣吃喝不會吃膩嗎？他們說怎麼會？說出像中國人說的「一方水土養一方人一方食」的觀念，說最適合的人吃的食物一定在自己的腳下；但他們又說，做為現代人的樂趣就在於可以移動，因此旅行時就該把握好好享受不同風土的滋味。

這一回我在義大利旅行，可要好好一路慢慢品嘗不同地食與地酒的美味了。

當伊比利火腿
遇到雪莉酒

吃伊比利火腿，塞維亞人都認為最適合搭配的酒就是雪莉酒了，所謂地酒配地食，雪莉酒就產在離塞維亞開車不到三十多分遠的赫雷斯小鎮⋯⋯

近幾年歐洲夏日酷熱，不敢在暑期赴歐，一直等到立秋才過，三伏日又結束了，開始和夫婿計畫起今年的歐遊，預計在處暑之後出門，在歐洲度過白露，等到秋分回台，這麼一算，可有將近一個月的行程，但是要去哪呢？

早年因曾在倫敦居留五年，歐洲大部分地區都去過，日後都是重遊，常去的國家不出法、義、西、葡、希五國，除了法國外，怎麼都是這幾年因金融風暴被稱為「歐豬」的國家，偏偏這些不善理財的地方，反而食物最好吃、酒也好喝、人情也好玩；人生真是有一美就沒兩全的，經濟最好的德國，我去過四、五回後，如今除非商務，是怎麼也提不起勁再去玩。

和外子商量來商量去，選定了兩三個地方想重遊，其中有一是位於西班牙南部安達露西亞的酒鄉赫雷斯（Jerez）和鄰近的大城塞維亞（Sevilla），開始計畫起旅程時，找出了從前旅行的照片、日記，種種回憶湧上心頭，尤其是味蕾的記憶立即轉變成癮頭，也等不及到西班牙去滿足口腹了，立即在台北找了間專賣 Tapas 的西班牙小館去重溫舊夢。

台北近幾年不知和歐盟那裡不對盤，全面禁止歐盟的肉品進台，因此在台北只能吃加拿大進口的生火腿，吃不到正宗的西班牙伊比利火腿，這也是我偶爾會在香港、上海狂吃伊比利火腿解饞的緣故；然而，全世界吃伊比利火腿最好的國家當然是西班牙，而在全西班牙中吃伊比利火腿最好的城市莫非塞維亞了。

塞維亞是一座混合了古老阿拉伯和西班牙古典風味的南歐古城，滿城盡種橘子樹，橘樹開白花時整城風吹搖香，路人聞之迷醉，城裡有西班牙人黃金時代修築的大道、阿拉伯人留下的迷宮與猶太人藏身的巷弄。

塞維亞是伊比利火腿的重要集散地，因為這種被稱為「Jamón Ibérico」的火腿就產在附近的安達魯西亞的高原上，野生豬和家豬混種的土豬，小小精幹的身軀，有著白色的蹄，這些土豬放養在高原上，吃

大量的橡樹子和林間各種野生雜食，造就了風味獨特的豬肉。

伊比利火腿的醃製風乾熟成期有長有短，時間越長的製出的生火腿就越活靈活現，熟成期達六年以上者（一般是兩年），竟然製出可切成薄如羽翼但發出紅寶石幽光的生火腿，一片含在口中，滋味複雜深邃，令迷戀者如我讚為乃豬的羽化登仙之美味，我一直覺得伊比利火腿是天下眾豬犧牲最得其所之道。

塞維亞城裡有不少專賣伊比利火腿的火腿吧，長長的吧台上倒吊著數十支到上百支的火腿，分成不同的年份，點了想吃的腿，師傅就會像壽司吧般拿下一支腿現切現吃。

吃伊比利火腿，塞維亞人都認為最適合搭配的酒就是雪莉酒了，所謂地酒配地食，雪莉酒就產在離塞維亞開車不到三十多分遠的赫雷斯小鎮。

雪莉酒不是傳統的葡萄酒，而是介乎紅酒、白酒與白蘭地酒之中的酒。雪莉酒是用曬乾的葡萄釀製，在釀製中途加了白蘭地以停止發酵，酒精度因此比紅白酒重，但比白蘭酒輕，雪莉酒的酒精度約在十七度左右。

雪莉酒酒精度雖高，但酒味卻很清爽宜人，英國人一向把雪莉酒當成最好的開胃酒，適合在餐前配小點食用，英國人平常是不太擅長社交的民族，如果沒有雪莉酒，讓英國人開口敞心，或許不少戀愛交誼都成不了事。

西班牙的 Tapas，剛好是正餐前的開胃小點，只是西班牙人的小點不像英國人的小點只有三、四樣，而是高達幾十樣，甚至有的西班牙 Tapas 吧會準備七八十樣，像南方塞維亞這樣的老城，就以 Tapas 小館多、Tapas 小菜多又以美味著稱，當然，讓塞維亞成為 Tapas 名城的主因不止在 Tapas，也在城市到處都有以雪莉酒聞名的 Bodega 酒窖。

雪莉酒分成三種*，有 Fino、Oloroso、Cream，雪莉酒的老酒採舊酒加新酒，所謂百年老酒不盡全是百年前釀造的，而是從一百年前開始

累藏的，這種想法其實挺合人性，所謂百年人瑞，當然不是一百年前時光暫停的人，而是活了一百年的人，百年雪莉就是陸陸續續一直活了一百年的酒。

在塞維亞三次的居遊期間，去過赫雷斯好幾趟，每一次待兩三夜，去赫雷斯一定會參觀酒廠，順手買幾瓶陳年老雪莉，我喜歡赫雷斯小鎮的閒適，海風吹拂，聞到海潮味讓人心神愉悅，鎮上著名的老海鮮市場，裡面的各種海產豐富悅目，市場旁就有幾家以海鮮燒烤蒸煮燉煨聞名的餐廳，當然也吃得到西班牙有名的海鮮飯，夏天去的時候，我最愛的是番茄冷湯和茄子冷湯。

入夜的赫雷斯很安靜，大部分的觀光客都是塞維亞來的一日遊，下午都走光了，使得這座小小的酒鄉古鎮，至今仍保留西班牙「Deep South」那種南方安逸、南方慵懶的情調，夜深了，手裡一杯略甜的雪莉酒，配上南方的杏仁甜點，身在昏暗的露天咖啡棚座下，想想自己如何從地球遙遠的東端，來到了西邊這一角落品嘗美食、美酒、享受人生；在地球已知的文明旅程中，身為悠悠大眾的我們，只有從過去三十多年起，我們才能過起這樣的生活，真要好好珍惜這樣的人生地緣了，就跟雪莉酒一樣，美好的酒卻來自活過了的生活滋味。

編注：
* 雪莉酒分成三種：Fino（口感辛烈，不甜）、Oloroso（口感渾厚，半甜）、Cream（口感柔順，甜）。

冬夜的
托卡伊

我喜歡托卡伊，也和她曾經被忽視而又東山再起有關，這種酒的命
運也像匈牙利，有種繁華過盡的蒼涼⋯⋯

冬天裡寒冷的夜晚，有時候我喜歡在晚飯後，縮著腿窩坐在沙發上看老電影光碟時喝點匈牙利的托卡伊（Tokaji）甜白酒。托卡伊酒清淺的琥珀光映照著室內的幽光，會讓我覺得寒夜不再那麼淒清。

我愛上托卡伊甜白酒始於一九九三年，那一年冬日我到匈牙利並非藍色而是灰色的多瑙河畔首都布達佩斯（Budapest）居遊，當地的好友麗拉幫我在布達古城的城堡旁租下了三個月的公寓旅館，從十一月到隔年一月整個漫長的冬季經常下著大雪，我去當時才剛開放，市區仍然十分淒冷，觀光客也很稀少的布達佩斯，享受著冷清卻精巧細緻柔美的布達佩斯生活。

有一回在城中心安卓斯大道上的匈牙利國家歌劇院聽完歌劇後，好友麗拉是小提琴手、畢業於李斯特音樂學院，對歌劇院一帶很熟，她和男友約瑟夫帶我走進附近的小巷中，來到了一家安靜昏暗點著燭光的小酒館，為我們開了一瓶當時我尚未聽說過的托卡伊甜白酒（Tokaji Aszú）。

那天晚上是我第一次邂逅了這種其實歷史十分悠久的世界名酒，「托卡伊甜白酒」是用貴腐菌葡萄釀造的酒，所謂貴腐菌葡萄，指的是有些葡萄品種，如阿蘇（Aszu）、義大利人常用的馬爾瓦西亞（Malvasia）、法國人常用的樹密雍（Sémillon）等等，在晚秋溫度及濕度均高的種植地區，因水分蒸發，果皮發軟會有貴腐菌斑附著在葡萄上，讓葡萄皮收縮發皺，用這些晚摘的有貴腐菌的葡萄，最適合釀造甜度高、香味濃的甜白酒。

目前全世界最出名的三大貴腐菌葡萄酒，其中以匈牙利的托卡伊歷史最早，匈牙利皇室曾經比法國更早興盛繁華，法國的路易十四的皇室的珍貴御用酒就包括了托卡伊甜白酒，而後來法國的索甸（Sauternes）和巴薩克（Barsac）的貴腐菌甜白酒即師承托卡伊。

所謂青出於藍，後來匈牙利國勢衰頹，法國卻蒸蒸日上，法國的貴腐菌甜白酒自然成為世界的頂級甜白酒，在過去二十年，頂級的索甸甜

白酒起碼漲了兩三倍，但過去長期被忽視的匈牙利托卡伊也因匈牙利改革開放，出現了不少充滿熱情、講究品質的個體戶酒農投入生產優質的托卡伊甜白酒，如今匈牙利的托卡伊不僅能達到世界水準，在價格上卻仍讓人覺得親近友善。

托卡伊甜白酒曾有「王者之酒」、「酒中之王」的美名，因為托卡伊酒的釀造有嚴格的品等制，在托卡伊的酒瓶上會發現托卡伊甜白酒之後會有「Puttonyos」的標誌，在這個字前還會有阿拉伯數字 3 至 6，指的即酒中會有阿蘇貴腐菌葡萄的容量，數字「3」是最低的甜度，數字「6」是甜度最高的含量，數字越高，甜白酒的色澤越強，像數字「6」的酒就會呈現十分迷人的琥珀光。

精緻完美的托卡伊甜白酒，聞起來十分芳香濃郁，匈牙利人會說此酒有十分神奇的療效，包括讓人起死回生，此言似乎太誇大，但，當我遇上好的托卡伊，喝來總是很開心，人生如此也就夠了！

我喜歡托卡伊，也和她曾經被忽視而又東山再起有關，這種酒的命運也像匈牙利，有種繁華過盡的蒼涼，但少人追逐高捧的托卡伊卻很適合平常人平常日子，一杯閃著金光的甜白酒溫暖人心。

倫敦流行起
喝黃昏酒

London

我住在 Soho 一家新式的設計旅館內，房間的設計雖新潮但不太好用，然而旅館每天下午五點到七點半提供房客免費的黃昏微醺，卻讓人留下深刻印象。

一〇一二年夏天想赴倫敦看奧運的人想必不少，我五、六月剛好人在巴黎，也心癢癢的在返台前去了趟倫敦看看奧運前的預展，從巴黎北站搭歐洲之星火車渡海，光出法國海關就花了四十分鐘，明明關口大排長龍卻只開了兩個窗口，辦事人員又超級慢，排到我時海關人員竟然當著我面用他胖胖的手，慢慢吞吞地剝了起碼三十秒的糖果紙，當天我能趕上火車真靠我預知法國官僚不可信任，後來也聽說不少三十分鐘前才開始排隊的旅客就沒趕上火車，而火車跟飛機一樣是不會有行李上機後等人之事，在此提醒，暑假若要從巴黎去倫敦，一定要特別提防法國海關的辦事效率。

　　巴黎可說是世界上最美的城市，但行政效率一向差，倫敦長相比較平凡，卻積極進取，後來果然證實了，當我日後從倫敦北邊的尤斯頓（Euston）火車站出關，卻只花了十分鐘，見證了倫敦海關的行政效率。

　　多年沒回倫敦了，這個我曾居住了五年的城市，在二〇〇〇年後展現了不少新意，原本陳舊的尤斯頓火車站脫胎換骨，外圍的餐飲商家等設施做得又新又豐富，比起來巴黎站就差多了。

　　這一回人到倫敦，除了看氣象一新的倫敦各種新建設外，最大的心得是倫敦人也懂得喝黃昏酒及吃黃昏點心了。

　　我住在 Soho 一家新式的設計旅館內，房間的設計雖新潮但不太好用，然而旅館每天下午五點到七點半提供房客免費的黃昏微醺，卻讓人留下深刻印象。

　　在旅館住定當天黃昏，我來到一樓的小酒吧，先看到吧台上擺著豐盛的乳酪盤，有七八樣的乳酪，有法國的藍紋乳酪、布里乳酪，還有英國的契斯特乳酪、史提頓乳酪等等，不僅乳酪挺專業的，還配上新鮮的綠葡萄、蘋果和核桃、榛果等乾果，再加上各式雜糧麵包，以及各式法義西的生火腿和臘腸，還有中東的前菜拼盤，除了各式開胃菜外，葡萄酒的種類也很豐富，紅酒四款、白酒也有四款，旅客喝酒還可續杯，我心中一估算，這等排場起碼值三十歐元以上，但巴黎因物價高，根本少

有那種在義大利、西班牙流行的「葡萄酒＋開胃菜」的黃昏微醺儀式，我在巴黎時，黃昏也會上酒館，但兩杯白酒加一碟乳酪就會花上二十歐元。

之後的幾天，我在 Soho 其他地方以及高雲花園、喬爾西區、南肯辛頓區，都看到了黃昏開胃酒吧，我才知道，南歐的黃昏微醺生活終於過海了。

十多年前我住在倫敦時，倫敦人黃昏時流行的喝酒方式還是站在酒吧內或酒吧外大飲拉格冰啤酒（Lager）及溫麥酒（Bitter），英國人除了在酒館吃飯時會用啤酒配食物之外，平時大都是乾飲啤酒，連乾果、洋芋片都不吃，喝啤酒是英國人重要的社交活動，尤其對男人而言，喝葡萄酒卻是有些娘娘腔的事，常會被人看成同志。

但因為歐盟縮小了歐洲的邊界，不少義大利、西班牙、法國等等飲葡萄酒國家的人紛紛來到經濟比較好的倫敦找工作，再加上南歐客來倫敦旅行的增加，也帶動了倫敦人流行起過拉丁的生活風情。

拉丁人一向比盎格魯薩克遜人會享受人生，喜歡過悠閒的慢生活，傍晚時分，找家小酒館，坐下來喝葡萄酒，吃開胃菜，和朋友聊聊天，看著世界在身邊流淌，從前我在倫敦，很少有機會享受這樣的黃昏閒情，這一回重返倫敦，天天傍晚喝小酒吃小菜聊小天，真是開心吶！

在京都
喝葡萄酒

Kyoto

京都式的西料理口味清淡柔和，當地人對葡萄酒也發展出了自己的
口味主張，和一般法國人、義大利人口味的喜好不同，這並不稀奇，
本來每個地區的葡萄酒口味都和當地的鄉土料理有關。

幾年前到京都去賞櫻，雖然日本東北遭逢大不幸，觀光客銳減四分之三，關西的觀光部門呼籲旅客不要因此卻步，畢竟登臨觀光亦是支持當地人民的一種方式。

那年京都的櫻花仍然如往日一般絕美，尤其在天地災變發生之後，更覺得人生諸法無常，櫻花短暫的絢爛，就跟生命的華美般脆弱，才看了盛櫻不到三四天，一陣風吹來就落下了櫻吹雪，掉進了京都高瀨川下的溪流有如花瓣小舟般，落花流水如逝水年華，一起賞櫻的日本朋友說，今年賞櫻更覺得美景珍貴，好好活著就是對人生悲劇的最好抵抗啊！

賞櫻花期總脫離不了喝酒，有個朋友在京都從事葡萄酒業，那年和他一起喝了不少葡萄酒，也吃了不少西式料理，世人一向知道京料裡的細膩優雅，這種京都人特別的口感，不只表現在日本傳統料理上，連製作西式料理也有其獨特之處，京都的西式料理，不管是英式三明治、義大利麵、法式燴牛肉、玉米湯等等，都做得特別的清淡、溫和、細膩，京都人做西餐，不是求道地，而是要做出京都人的標準口味，也因此最後做出的西式料理也成了世上僅有的京都式義大利菜、京都式法國菜。

我當然喜歡在義大利或在法國吃到的料理，但我也喜歡在京都吃到的「改良式」義大利料理和法國菜，像京都人不喜歡大蒜，也不喜歡過重的口味，京都的義大利菜吃來彷彿京料裡的堂姊妹，京都有幾家歐陸料理還開在傳統的町家鰻窩住宅內，還可以用筷子吃歐陸料理，而這些年最講究的歐陸料理，都是用在地種植的京野菜為食材。

因為京都式的西料理口味清淡柔和，我也發現當地人對葡萄酒也發展出了自己的口味主張，和一般法國人、義大利人的口味喜好不同，其實這並不稀奇，本來每個地區的葡萄酒口味都和當地的鄉土料理有關，像英國人愛喝的「Claret」波爾多紅酒就和法國布根地紅酒的口味不同，典型的義大利人也絕不會用法國酒來配義大利料理，一般說來地酒配地食，都是指特別適合當地鄉土料理的葡萄品種，像慣吃野味的地區，一

定會喜歡強勁濃烈的葡萄品種，例如希哈品種。

這回在京都品嘗了不少京都朋友推薦的口味配當地的菜餚，使我對幾種葡萄品種有了嶄新的認識，像梅洛（Merlot）葡萄，一般喝慣波爾多紅酒的人，可能都不太看重用來調配平衡卡本內蘇維濃口味的梅洛，但我的京都朋友卻相當推薦口感飽實滑順、單寧味較柔軟，又容易入喉的純梅洛葡萄釀製的紅酒。日本長野縣就生產了很受日本人歡迎的梅洛紅酒，的確，用來搭配日本和牛及小牛肉特別適合，梅洛葡萄輕柔溫和的藍莓與李子果香搭京都西洋料理顯出了高雅的滋味，但配傳統的法國料理卻有些輕浮。

另外，這回京都朋友也讓我認識了之前我很不熟悉的維歐涅（Viognier）白葡萄品種，這種葡萄充滿了杏桃、白桃與荔枝的香氣，特別適合京都的西洋料理和傳統京料理，尤其是配螃蟹、鮮蝦、白燒鰻魚或燒烤雞肉、豬肉等食物，我後來發現這種葡萄也是法國羅亞爾河谷愛用的葡萄種之一；的確，我在被法國人稱為皇家河谷的羅亞爾河一帶旅行時，就覺得當地食物的口味特別優雅、清淡，當地人說那是因為他們幾百年來受皇家的薰染，這點和京都千年來在天子腳下的道理相通，維歐涅的白酒也十分適合搭配有柑橘味的烤肉和沙拉，對喜愛柑橘調味的日本人而言，這款白酒確實比夏多內白酒適合，從前我吃日本菜，都愛用麗絲琳或白蘇維濃（Sauvignon Blanc）搭配，未來，就可以選用新認識的維歐涅白酒了。

中國地大物博，有豐富的地方菜系，也有歷史悠久的上海式西餐、哈爾濱式白俄菜、粵式、港式西餐，這些獨特的食物口味都應當培養出自己的葡萄酒口味主張，而非一味地因循國際品酒專家的意見，有的葡萄酒專家也許只熟悉法國菜、義大利菜，他們的意見能全部充數來搭配世界各地的鄉土料理嗎？

part.3

葡萄酒
的二三事

Two or three things about wine

喝酒的藝術有一絕竅就在於懂不懂得配，配菜絕對是大學問，拿捏
如何配酒起碼得十幾年以上的經驗，還要有淵博的喝酒吃菜的經驗
為基礎，尤其對葡萄品種釀造的滋味要敏感，什麼樣的果香？什麼
程度的單寧？酒體的厚與薄？前味與後韻的強弱？辛口或溫潤的口
感？這些心得都要賴多年喝酒吃菜存在心中的一本心得帳。

喝葡萄酒
的藝術

How do you like your wine

喝酒的樂趣有一部分是發現之旅，在某天某刻和某瓶酒的美妙邂逅，就像遇到了某個看似平凡的人物，一交談下發現此人之妙，反而比和知名的大人物相交更有趣。

從一九九一年起到一九九八年，因為居住在倫敦，我幾乎每年都會去法國各地旅行兩三個月以上，主要的目的也不外乎吃美食喝美酒，順帶看看各地風土人情。

追憶過去的美好日子，這句話套在二十幾年前我在法國酒鄉的旅行是非常恰當的，從今天事後諸葛亮的心態來說，如果早知道這二十年來法國頂級酒價被炒成什麼樣的價格，當年旅行中喝酒和買酒一定更不手軟。

如今頂級酒這麼貴，對常常喝酒的人而言，不只是負擔得起與否的問題，而是喝酒的樂趣有一部分是發現之旅，在某天某刻和某瓶酒的美妙邂逅，就像遇到了某個看似平凡的人物，一交談下發現此人之妙，反而比和知名的大人物相交更有趣。

早年旅行法國布根地、波爾多等酒鄉，偶而興起也喝過所謂五大酒莊，或不在五大之內，但聲名不凡的酒，但當年這些五大酒莊的酒比較像矜貴的仕女，彷彿還躲在榮華交際宴會中，不像今天大都變成了在國際時尚圈走秀的天價名模，和仕女交往還可低調，和名模來往不免有炫耀之心。

近年來偶而參加某些名貴的餐會，也會喝到一些不凡的名酒，但人生往往是很矛盾的，越是有意為之的事常常比不上無意為之，有一回和十幾個朋友在餐會上喝了上萬美金的名酒，心裡的感動卻比不上某天從酒窖中取出一瓶年份剛好的中價酒，開瓶後酒香四溢，一喝有如遇到知交，重新發現葡萄酒是多麼美好的存在，心中的熱情再度燃燒。

這是怎麼回事？是天價名模之美比不上清秀佳人嗎？而是美是很抽象很綜合的感受，舞台上的明星不見得適合在生活中相處，對不對味很重要，相處時心裡負擔更不可太重；另外，名酒出現的場合往往市儈氣也重，一瓶酒好不好，不只在酒本身，和一起喝酒的人，和什麼樣的場合，也和吃什麼菜有關，所謂機緣俱在，可遇不可求，我一生喝酒起碼數百回合了，但喝得永難忘懷的次數卻不到二十回，喝酒是藝術，不是

商業，千萬別相信有錢買昂貴的酒就可以得到藝術的滿足。

在喝了三十年的葡萄酒心齡中，我積累出一套個人喝酒的藝術淺得，基本人喝酒像人生，懂得喝酒也必須懂得過日子，我以為人過日子不可太專門，否則人生就過窄了，因此喝酒要有廣泛之心，酒的美好就在於酒味無窮，千萬別以為頂級酒莊的酒就代表天下酒味了，喝酒要先做博客，不要只想做專家，不少專家都會犯視野品味狹隘的問題。

再來，喝酒的藝術有一絕竅就在於懂不懂得配，配菜絕對是大學問，拿捏如何配酒起碼得十幾年以上的經驗，還要有淵博的喝酒吃菜的經驗為基礎，尤其對葡萄品種釀造的滋味要敏感，什麼樣的果香？什麼程度的單寧？酒體的厚與薄？前味與後韻的強弱？辛口或溫潤的口感？這些心得都要賴多年喝酒吃菜存在心中的一本心得帳，會自然而然地浮現心頭。這點和人生其他的道理也相似，兩個好人不見得配成一對好伴侶，人人欽羨的好工作不見得和你配得好，「配」是存乎一心的主觀感受，卻是品酒的真理。

此外，喝酒要用心喝而不是用腦喝，更不可以用口袋喝。想喝出好酒的感覺，不是光靠口袋夠深買得起好酒就成，所謂烏龜吃大麥，不懂酒的人給他喝全世界最好的酒也沒用，懂酒的人要沒有了心也愛不上酒了，美酒需要有心有情有義的人才識得滋味。

我認識有位酒專家，曾對我坦白他多年都不再和酒談戀愛了，因為他如今只和酒做生意，愛酒和愛人一樣，關鍵不在酒和人的身價，而在那一分真心相許。

真正懂得喝酒的藝術的人，也會懂得人生的藝術，基實我們喝酒最終不也是把酒途當成美好人生的正道嗎？

葡萄酒的
風土與品種

Terroir & Grape

歐洲大陸在品評葡萄酒時，最看重的是風土條件，風土專指某一塊
特殊的土地與這塊土地上總合的環境、氣候與人文因素；葡萄酒產
自那塊風土，是決定葡萄酒身家的首要條件，這種想法和中國人的
一方水土養一方人之說頗為類似。

因為重視風土，什麼土地上適合種什麼樣的葡萄品種，自然成為釀酒人代代相傳的智慧，因此，法國布根地地方最具代表性的葡萄品種就是最適合當地略為寒冷與貧瘠礫石土質的黑皮諾葡萄品種，而黑皮諾釀出來的紅酒色澤有紅寶石的清澈，帶紅醋栗和覆盆莓的純淨酸味，單寧澀味也較淡，由單一黑皮諾釀出的紅酒的欣賞之道，在賞其高雅之味。

但法國波爾多左岸地方的土壤，因土壤較肥沃且排水佳，加上氣候較溫暖乾燥，就不適合栽種黑皮諾品種，當地最適合種的是卡本內蘇維濃品種，此品種釀出的紅酒泛著深沉的紫紅色，澀味明顯，有黑莓和黑醋栗的果酸，適合釀造骨架厚實的晚熟型紅酒。但為了增加滑順柔軟的口感，波爾多地方的釀酒人把適合在波爾多右岸地方種植的梅洛品種混和卡本內蘇維濃品種，釀出兼具二者複合之味的波爾多紅酒。

因此飲酒人在賞味布根地酒時，欣賞的就是黑皮諾品種在布根地風土中的表現，是葡萄通過人與天與地的共同造化，因此即使美國的奧勒岡（Oregon）或紐西蘭的中歐塔果（Central Otago）這兩地也適合種黑皮諾，但品種雖然相同，但天與地的變化卻不同，中國人會說溫州橙到了嶺南就是不一樣的橙了；也因此布根地地方用夏多內葡萄品種釀造的夏布利白（Chablis）葡萄酒，有一股清冽的礦石味，法國人最喜歡用夏布利白酒配生蠔。但同樣的夏多內品種，在美國加州索諾瑪卻釀出了杏桃與香草的芳香，但這種夏多內白酒卻不見得適合配生蠔，因此我們可以說夏布利等同夏多內，但夏多內卻不等同夏布利，夏多內是品種，夏布利卻是風土。

葡萄酒的世界，本來是風土決定論的，幾百年下來，喝酒、釀酒的人都知道德國莫塞爾（Mosel）白酒和法國阿爾薩斯（Alsace）白酒都選用了麗絲琳（Riesling）品種，但前者的果香較強烈還有蜂蜜的甘味，後者的果酸味較清淡，喜歡哪一種口味的人自有定見，而他們也知道自己喝的白酒不只是麗絲琳白酒，而是莫塞爾或是阿爾薩斯的風土產物。

但這種風土決定論卻被美國給顛覆了，美國人真的很聰明，這些由世界各地移居在美國加州納帕河谷的釀酒人，知道他們沒有歷史的優勢去發展風土的文化，也沒有地理的優勢可以和整個歐洲從德國到法國、義大利、西班牙的各個酒區競爭，因此他們不學歐洲人用風土來標示葡萄酒，改成用品種來強調特色，於是美國納帕酒區推出了酒瓶上清楚標示了黑皮諾（Pinot Noir）、卡本內蘇維濃（Cabernet Sauvignon）、梅洛（Merlot）、麗絲琳（Riesling）、金粉黛（Zinfendal）、希哈（Syrah）等等品種大名的葡萄酒，納帕河谷成了提供品種葡萄酒的綜合百貨公司，光以納帕一方風土，就可以取代整個歐洲各地不同的風土酒區。

美國是近代快速發展的移民國家，沒有自己的鄉土特色，因此美國菜也沒有鄉土料理，有的是烤雞、炸雞、烤魚、烤牛排、烤豬排等等，美國菜賣的是食材，而不是料理文化，同樣賣雞，法國人就有布根地紅酒雞和布列斯清燉雞（Poulet de Bresse）的不同地方菜，人文風土而非食材本身決定了地方菜的特色，法國人常說的鄉土酒配鄉土菜，在美國就行不通，美國沒有複雜的地方特色，但簡單反而成為美國文化征服世界的利器。

去了拉斯維加斯的人都知道，現在美國人可把威尼斯、巴黎搬去沙漠裡了，而我還真認識有的美國人覺得拉斯維加斯的威尼斯比較好，因為比較新和乾淨、安全，真是叫人無話可說。

同樣的道理，美國人也把不同風土的白酒都搬去了阿拉斯加，如今納帕的大酒廠也開始回頭收購義大利、法國的酒莊，就彷彿如今巴黎、威尼斯因受相關觀光業的影響，也逐漸拉斯維加斯主題化了。

同理，當我在納帕喝到不同品種的葡萄酒時，我的感覺就像去了拉斯維加斯，讓我更深刻地懷念起歐洲各地不同的風土葡萄酒，不管是布根地的黑皮諾或波爾多的卡本內蘇維濃混和梅洛，或是羅亞爾河中游的白梢楠（Chenin Blanc），隆河流域的嘉美（Gamay），朗格多克（Languedoc）地方的白蘇維濃，托斯卡納的山吉歐維西（Sangiovese），

對於這些我曾旅行過的地方的自然、氣候、飲食、文化的風土記憶，才是讓我深深愛戀葡萄酒的原因，葡萄酒光靠品種是不夠的，請還給我葡萄酒的風土吧！

單杯的
葡萄酒

Wine by glass

喝單杯酒像調情,開瓶則是和一瓶酒談戀愛,前者不必太在乎,不
對味馬上可換,後者則傷心又傷荷包……

前些時候，和兩位朋友專程去一家新開張，打著葡萄酒與日式燒肉專賣的小酒館聚餐，因為燒肉的種類做法頗多，我建議不必開酒，叫不同的單杯酒來搭配口味不一的燒肉。

為什麼要這麼做呢？因為大家都知道，一般的紅葡萄酒最難配的就是酸味，但日式燒肉中有的會以檸檬汁為醬料，若叫來一整瓶紅酒三個人分飲不容易對味，因此最好根據不同的燒肉叫不同的單杯酒才是。

若是想吃鹽烤牛舌沾檸檬汁當前菜，可以叫杯夏多內白酒，若叫的是鹽烤牛肝配日式和風沙拉，因為有日式醬油味，搭配略甜的麗絲琳白酒則對口些，吃完前菜，要叫燒肉正餐時，當然還是以紅酒為佳，叫的若是口味較清淡的鹽烤牛五花，可喝比較圓潤上口的、果味重、單寧淺的，如義大利山吉歐維西（Sangiovese）葡萄紅酒；但有的口味雖清淡的鹽烤牛五花，如果灑了辛香的山椒鹽，就必須配較強烈的如法國西南或南澳的希哈（Syrah）葡萄種紅酒；如果吃的是又甜又鹹的日式照燒烤雞肉串，可搭配芳香略帶清爽酸味的黑皮諾紅（Pinot Noir）葡萄酒，讓有紅醋栗、覆盆子、草莓等紅色莓果的淡酸化解照燒醬的濃郁。

如果想叫一份紅酒醬汁的燒烤沙朗，如果選油脂較多的肉，則可叫芳醇濃厚波爾多卡本內蘇維濃紅酒，用微微的澀味與黑醋栗、黑莓和微苦巧克力與胡椒的香味，來帶出牛排的厚實滋味；但如果選的是油脂較少的牛肉，則可選單寧味比卡本內柔軟，口感也比較柔順的波爾多右岸，帶李子與藍莓、香草味的梅洛紅酒則更適合。

如果想吃口味強勁濃厚的燒烤牛內臟（如牛腸、牛雜等），則必須選擇充滿香辛料、喝來爽口怡人的帶有棗子、百里香、迷迭香味的南法、南澳、西班牙等地的格納希（Greneche）葡萄紅酒，才可平衡燒烤牛雜強烈的滋味。

當天我們去的那家標榜葡萄酒與燒肉專門的店家其實不太專業，怎麼說呢？因為店家可以選擇的單杯酒，竟然只有紅白酒各一款，一款是夏多內，另一款是卡比內（Kabinett），這麼單薄的單杯服務，只能說

是有賣酒，不能叫自己「葡萄酒與燒肉」專賣的，第二是單杯酒奇貴，一小杯斟不到九十毫升，要倒滿八杯半才足一瓶七百五十毫升量，但價格卻是一瓶定價的兩倍，這種定價方式也不是專門葡萄酒館的作風，餐廳或許可以訂出較高的酒水費來賺錢，因為客人並非都是為飲酒而去，但葡萄酒館卻必須要有一點推廣飲酒的熱情，合理的定價方式是開一瓶酒倒六杯，而六杯價格加起來不可超過一瓶定價的一倍半，這樣才算是老闆既賺了錢、又有與客人分享單杯品味的葡萄酒文化之樂。

我在世界各地旅行，最喜歡去的葡萄酒酒館，首推巴黎左岸塞納河邊巷弄中的一些小酒館，那裡有各色的下酒菜和豐富的單杯酒單，可以比較法國各地不同的酒區出品的酒，常試酒則可增進配菜的功力。

但法國人對世界酒的接納度較低，如果喜歡比較世界不同產區，從法國、義大利、希臘到南非、智利、阿根廷再到紐西蘭、澳州等等，最好的地方則是香港，在港島灣仔和金鐘之間有一條星街附近有一些小酒館，有豐富的單杯葡萄酒可選，配上各式的前菜，我每次去香港，都會選個黃昏在那裡消磨微醺時光。

喝單杯酒像調情，開瓶則是和一瓶酒談戀愛，前者不必太在乎，不對味馬上可換，後者則傷心又傷荷包。

遇見一瓶
陳年好紅酒

Old wine by chance

法國人常說，遇見一種名酒，不如遇見一瓶好酒重要，某些很有名
的酒，喝時並不見得好，尤其是陳年好酒，別管多老多名貴，手中
那一瓶開了才見真章，遇見一瓶陳年好酒更珍貴啊！

一〇一一年底最後兩個月驛馬星動得特別厲害，先去了新加坡一星期，再去香港一周，接著又去法國半個月，但也不能說為公事奔波，雖然都為了一些和飲食及文化相關的活動，但公私之餘都玩得很開心，尤其這一趟在法國期間胃口特別好，在巴黎、蘭斯、南錫等地去了不少好餐館，也喝了不少好酒。

　　也許是暫時玩夠了，年底的聖誕夜，特別不想出去吃大餐，反而想在家裡安安靜靜和外子兩人共度佳節，另外也想親手把這回從法國採買回來的食材做個聖誕大餐。

　　當天晚上，我準備了佩里戈的鵝肝當頭盤，配上索甸的甜白酒，鵝肝的品質非常好，入口柔細軟滑如凝脂，吃在口中真有如愛人的吻般甜美；接著用買回的瓶裝油漬黑松露炒了一個黑松露蛋捲，蛋捲要炒得十分膨鬆柔軟才好吃，黑松露獨特的幽香沁入鼻腔如一縷香魂；索甸的甜白酒選的並非最高價的 Y 酒，這款 d'Yquem 在一九九八年賣給了 LV 精品集團，把價格推上了天價，讓我十分懷念我從一九八〇年代到一九九〇年代還能跟老家族買貴得合理的這款甜白酒，如今我喝甜白酒，就會選擇一些知名度較低，但品質也不錯的酒莊，如索甸的 Climens、Rieussec、Suduiraut 酒莊或聖十字山的 Loubens 等等。

　　甜白酒配鵝肝、黑松露蛋捲都很對味，配接下來的洛克福藍紋乳酪（Roquefort）和法式核桃黑麥鄉村麵包就更有味了，我在二十多年前第一次吃用綿羊奶做的黑蝴蝶牌藍紋乳酪時，並不太能接受這個味道濃厚略有臭味的乳酪，但奇怪的是，隨著去法國次數的增加，也並未勉強自己，在不知不覺中卻愛上了這款異味乳酪，如今不僅聞不出有臭味，還覺得強勁的味道是香味，又特別迷戀此乳酪帶點粗砂粒似的口感，現在我已經成了洛可福藍紋乳酪上癮者，不時都會買一些回家解饞，而此乳酪最配的就是甜白酒或略甜、口味較濃的白酒，千萬別配夏布利白酒或單寧重的紅酒，紅酒也以略甜的葡萄牙波特酒最宜。

　　吃完了前菜，因為天氣冷，我省掉了沙拉，改成喝湯，用了這回買

回來的牛肝菌做奶油牛肝菌濃湯，今年的聖誕夜正好遇西伯利亞寒流南下，窗戶的玻璃跟冰一樣涼，喝暖呼呼的濃湯真舒服，兩個人也剛好可以把杯中剩下的甜白酒一口喝盡，甜白酒也很配奶油牛肝菌的濃郁滋味。

當天的主菜是用我從巴黎買回來的瓶裝扁豆、真空包裝的功夫鴨腿、鴨胗、臘腸加上台灣的黑豬頸肉（法國西南的做法是加羊肉），做成了台法混合式的扁豆什錦燉肉（Cassoulet），這道菜是西南名菜，因此我準備了兩瓶西南紅酒，為什麼需要兩瓶？因為我預備要先開的酒十分陳年，是一九九八年卡歐（Cahors）的 Clos de GAMOT，但我對這瓶已高齡二十三年的酒並不太有信心，怕酒木塞一開就必須面對傷心的事實，即酒壞了，說實在話，藏酒的人本來就必須面對酒有不測風雲之事，常有年輕的朋友問喝葡萄酒為什麼要試酒，難道酒不好喝真的可以退酒嗎？其實試酒是傳統高級餐廳發展出來的文化，因早期藏酒的技術及條件較不穩定，尤其是年份老一點的酒，在酒沒開前餐館也不敢保證酒百分之百沒問題，因此酒賣得貴一點的高級餐館必須給客人一種保障，即客人發現酒壞了一定換酒，但酒壞了也不能由客人隨便說，客人喝時若發現酒壞了，侍酒師也會參與判斷一瓶酒是不是真的壞了，但如今不少賣年份低的葡萄餐酒也在試酒，但這些酒其實可能不夠好喝，但卻不太容易變質壞掉。

我從一九八三年起就陸陸續續會買一些有陳年潛力的酒來擺著，但私人酒櫃的條件實在不佳，過去十多年來，當我的酒都逐漸高齡，尤其是超過十五年以上的老酒越來越危險，也開過不少瓶我自己一喝就知道變酸的酒，只好把酒當成醋拿去做菜了。

今天準備開的這瓶一九八八年份的西南酒，是在卡歐酒鄉買的，酒莊是家近四百年的老酒廠，以出品可陳年的紅酒出名，但這瓶酒從我買回來後，也曾經飄洋過海，過去十多年雖然靜靜躺在酒櫃，但真的經得起歲月的變遷嗎？為了免得開了瓶壞酒掃興，我又準備了卡歐另一瓶

一九九八年的酒，以備不時之用。

外子懷著忐忑不安的心開啟這瓶一九八八年的酒，通常這麼老的酒很多軟木塞都會裂掉，但眼下這瓶酒卻被外子溫柔地打開了，這是好預兆，接著我來試酒，小喝一口，真的沒壞，竟然沒壞吔，我在心裡唱起了勝利的〈馬賽進行曲〉。

難道是聖誕夜的祝福嗎？二十三年的時光很久吔，小嬰兒都變成了成年人了，而這瓶酒竟然熬過了二十三次的四季變化，竟然在瓶中藏住了如此甘醇芳香的風韻，從一位西南的野女孩變成了既具生命力又溫婉迷人的仕女。

法國人常說，遇見一種名酒，不如遇見一瓶好酒重要，某些很有名的酒，喝時並不見得好，尤其是陳年好酒，別管多老多名貴，手中那一瓶開了才見真章，遇見一瓶陳年好酒更珍貴啊！

當天晚上，我翻閱休強生的《葡萄酒購買指南手冊》，發現此公給Clos de GAMOT 酒莊的評語是，「此酒莊出產的酒超級傳統，陳年潛力驚人，具有指標意義。」此言不虛，我在聖誕夜見證了沉寂了二十三年的酒又再度復活了。哈利路亞！

不可小看
餐酒

Table wine

葡萄酒本是配菜之酒，不像烈酒，可以單飲，往往酒性越複雜的酒，就要配烹調得較複雜的料理，Fine dining 配 Fine wine 是有道理的，要品出年份夠頂級酒的層次，可不能配粗枝大葉的菜餚⋯⋯

喝了近二十五年的葡萄酒，我對喝酒有個領悟，就是喝酒跟穿衣很像，最高級的境界不在名牌，而在穿得舒服、喝得舒服，人一舒服了，就是最頂級的享受。

　　看人穿衣，最怕那種天天穿名牌的人，在平常的場合，例如居家、散步、與好友相聚、上街閒逛、上終身學習課、聽心靈講座，如果還是一身精品，真讓人看了累，自己穿得不累嗎？只怕是活得太不自信，不敢脫下高貴的行頭，深怕被他人看扁。

　　我也不反對衣櫃中有幾件精品名牌，在必要的場合穿，所謂必要，要不是特殊的喜慶祭典，要不真是為了社交或工作上得穿出身價時，在家常日常的場合，反而可以看出一個人有沒有穿衣的品味，永遠穿得太隆重的人，不是人穿衣而是衣穿人。

　　喝葡萄酒也是這麼一回事，天天在嘴巴上掛五大酒莊的人，反而可能是不懂酒的人，只懂喝名酒的人，酒齡一定淺，以為名酒像名牌，可以天天掛在身上招搖，喝葡萄酒是生活，不是炫耀性消費，覺得大酒莊的名酒才值得喝，多半是誇耀自己口袋很深可以喝得起，但誰會把一個有錢到可以天天吃翅蔘鮑燕的人當成美食家，不懂白菜豆腐之妙味，所損失的境界也是金錢無法買回的。

　　五大酒莊或各種兩三百元美金以上的高價酒，在對的場合、對的事、對的人各種條件聚集下，只要不怕荷包痛，偶而喝喝也不錯。我曾經參加過一次酒餐會，參與的人都是愛酒、懂酒的豪放之徒，由於大夥事先都看過了菜單，大夥就個別從家中帶上兩瓶酒去參加餐會，到了就把酒聚集在一起，有很貴的酒，也有高價或中價的酒，但大夥也不特別關心哪瓶酒是誰帶來的，反正酒都擺在一起了，之後大家拿起菜單就著現有的酒三言兩語，七嘴八舌地討論分配了一下，之後就一輪酒一輪酒喝下去，只在乎酒搭菜配得好不好，沒人在談那一瓶酒多貴，或那一瓶是誰的……這些和品酒嘗菜不相干之事，這樣的酒餐會，多豪氣，這才是美酒美食的高級境界，不在價格，在情境。

但我也參加過一些很折磨人的餐會，主人是新貴，怕人家不知道他的股票大漲，拿出來的酒，都要仔細介紹身家，這一瓶是幾位數買來的，那一瓶又花了多少錢，只差沒說這些酒等於多少他當天股票的收盤價，主人這種就價格論酒的款待方式，客人是不會對他的慷慨有太好的印象的，遇上這種餐會，若不能告辭先離開，也只有盡量少喝桌上的酒，免得主人心裡還在計算當天客人喝的每一杯酒值多少錢。

　　也有的人喝精品酒，不為炫耀，而是為了收買人心，在與政治、商業相關的應酬，最容易喝到這種社交酒，我往往稱呼這種場合喝到的、不管是多名貴的幾大酒莊酒都叫「各懷鬼胎酒」，請客的人、被請的人哪裡會真正放鬆，喝酒最怕心事重重，沒有閒心空境，自然不能喝出佳境化境。

　　再說，葡萄酒本是配菜之酒，不像烈酒，可以單飲，往往酒性越複雜的酒，就要配烹調得較複雜的料理，Fine dining 配 Fine wine 是有道理的，要品出年份夠頂級酒的層次，可不能配粗枝大葉的菜餚，此外不少名酒如名門大家閨秀，可以下嫁的門當戶對料理也很侷限，相信幾大酒莊的頂級酒可以真正配中國菜的酒客，一定是多多少少被酒商洗腦了，誰不想多賣一些上千美金的頂級酒給中國豪客啊！偏偏這些豪客更愛吃中國菜，那就亂點鴛鴦譜吧！

　　這裡不是說中國菜不能配葡萄酒，而是說有的葡萄酒搭配各國料理的幅度較大，尤其適合搭配各國較傳統的鄉村料理。

　　在世界各地旅行時，我往往發現鄉村料理，稱之為農夫、漁民或勞工料理的文化差距，也比起精緻料理小多了，我在西班牙、義大利、葡萄牙、中國、日本、韓國吃到的傳統香腸、燉肉、烤魚都挺相像，鄉土料理用的都是最基本的食材，最單純的烹調手法，因此各種傳統上搭配這些料理的餐酒，往往就可以互通，不要單說用法國最傳統的餐酒薄酒萊可以配中式紅燒肉，我還試過用紹興黃酒配西班牙香腸，也很對味。

　　薄酒萊由於年產量過大，其中自然就有不少濫竽充數之貨，真是可

惜了，因為我也喝過不少的好薄酒萊，尤其在薄酒萊的集散地里昂，當地鄉土餐館和老闆都精得很，手上都掌握了薄酒萊村莊中的酒窖，他們志在賣菜，不在賣酒，酒是配菜的，不能讓不好的酒砸了菜的招牌，這些眼尖的餐館老闆挑出的薄酒萊餐酒，那真好喝，再配上里昂那些明明是法國傳統菜，卻又像義大利、中國、西班牙、葡萄牙的傳統菜，像醃扁豆、醃碗豆、燉牛肚、燉豬肚、焗魚丸、焗豬肉，都是世界各地都有的家常菜，烹調方法的差異不很大，如果中國菜不放醬油，只放鹽時，更是大同小異。

一般餐酒都是年輕充滿活力的酒，適合在新酒時喝，或頂多擺個一兩年，因單寧低不耐擺，也因此不澀，入口滑順，一般會說結構不緊實，如果配上簡單的料理，幹嘛要那麼緊實，尤其酒若有年份，酒一定要醒，醒不夠時，那種還沒甦醒的酒來配菜時，口感喝起來反而很疲憊。

談到喝年份酒，這又是我參加宴會時怕遇到的另一種情況，因為一般人家儲酒狀況不佳，就算買了專業酒櫃亦或把酒寄存專業酒商，但老葡萄酒儲藏壞了的事還是會發生。

於是，我們這些到處品酒的人有時就會遇見以下的慘狀，在某個場合，某人開了某瓶價值不菲的名酒，但倒出的酒顏色就不對了，渾濁得像中了毒似的，但主人渾然不覺，還要大夥喝，勉強試一下，果然壞了，告訴主人，主人還說酒怎麼會壞？酒當然會壞，儲酒不當，大部分的酒都會擺到壞，但往往一般家裡藏酒，越貴的平常越捨不得喝，往往最後壞掉的酒都是那些身價至少五百美金以上的酒，當然還有人喝不出酒壞，或捨不得倒掉一瓶上千元美金的名酒，於是這些壞酒也落入了不知情的客人口中，這些人還得感激主人的大方。

此外，名酒一定有名酒的身價，有些人到酒舖去，看到一些十五、二十年份的老酒，竟然在廉價三折大出清，這種酒是最危險的，常常買回家開一瓶壞一瓶。

喝名酒就跟穿名牌衣一樣，要有眼力，要挑場合，要捨得花錢，不

能貪便宜，但也不必被名牌困住，名牌衣、名牌酒都有包袱，要過三餐平常日子，必須懂得穿平價衣喝平價酒。

能夠把平價衣穿得有品味、自成風格時，才是真有品味之人，喝平價酒一樣，能夠懂得各種鄉村酒的風味，識得鄉村料理的原味，才能成為入得廟堂（喝名酒），但也出得民間（喝餐酒）的逸人。

不要小看地區餐酒，如果連餐酒都不懂挑，也喝不出好餐酒的樂趣，那真是辜負了葡萄酒千年的奧祕了！

如果只想
點一瓶酒

Just one bottle

點酒的學問有兩大方向，如果內心本有想要喝的好酒，就必須以酒為主，以菜為輔，譬如想要喝大酒莊的酒，那麼酒就是主角，要根據酒來配菜，而且要配合醒酒的時間。

前陣子到上海，住在外灘華爾道夫飯店中，剛好遇上海葵颱風，無法出門，乾脆都在飯店裡吃三餐，也約了不怕風雨的朋友，一起到紐約餐廳 Pelham's 吃紐約式法餐。

Pelham's 的風格是新派法式料理，菜式多、分量少，但食材水準都不錯，我們三個人分別選的前菜，不管是生蠔、松露鵝肝、鮮乾貝、龍蝦，都做得細緻精巧、滋味豐富，當成主菜的紐約肋眼牛排或神戶西冷，分量雖迷你，但三分熟也烤得恰到好處，口感鮮嫩，肉質多汁美味。

菜不錯，酒怎麼配呢？還好那晚我點對了酒，由一瓶南隆河四年的新酒打通關全局都很合宜。

吃飯配酒的學問變化頗大，要看場合、看菜色、看人數，最重要的要看心情，沒有什麼不變的定律與法則，通則變。

當天晚上只有我們賓客三人，又加上有颱風，當然不宜飲酒作樂不醉不歡，情境上只宜淺酌，因此並不適合喝得太正式太隆重，例如生蠔配香檳、龍蝦配夏布利、鮮乾貝配普依富塞（Pouilly-Fuissé）、松露鴨肝配麗絲琳等等，況且少有餐廳可以提供這麼多種類的單杯酒選擇，但三個人喝酒更不可能每種酒都叫一瓶。

當天晚上，由於是好友相聚，自然會想叫一瓶酒來一起分享，各人享用個人的單杯酒就沒有那種天涯此時共飲一瓶的氣氛，但當晚怎麼點呢？點白酒只能配前菜，點紅酒如用梅多克的卡本內蘇維濃配肋眼、夜丘的黑皮諾配神戶西冷均可，但這兩款紅酒卻沒法配前菜，再加上今天的菜色分量都宜淺嘗，並無一大塊肉需要濃郁的紅酒好消化。

思來想去，只想點一瓶酒從頭到晚讓三個人小酌，我就必須找到口味清新、口感順口、單寧不重、果香迷人、果味豐富的紅酒了，這樣的酒其實也不少，我在 Pelham's 的酒單上快速搜尋（看酒單也不能花去太多時間啊！），看到了一款南隆河位於約丘克斯高原（Massif d'Uchaux）附近的新興酒區，這一帶釀造的葡萄酒酒體清新飽滿、口味順口怡人。

我挑中的酒，價格中等，但從一開瓶就果香四溢入口通順（此時哪裡能等候需要慢慢醒的紅酒呢？），從前菜到主菜都很相配。

　　點酒的學問有兩大方向，如果內心本有想要喝的好酒，就必須以酒為主，以菜為輔，譬如想要喝大酒莊的酒，那麼酒就是主角，要根據酒來配菜，而且要配合醒酒的時間；如果菜是主角，則要根據菜的性質，決定配酒的方式，總之，配酒不是選貴酒選好酒就成，有的又貴又好的酒配不對菜，徒然浪費好酒。當主人的挑酒，也不能怕客人看不起，只挑酒單上的貴酒，當客人的，更不能看主人挑多少價錢的酒來看主人誠意，要緊的是酒對不對味，會挑中酒菜相配的主人，才是好主人。

　　如果只想點一瓶酒，通常點紅酒較好，年輕的紅酒可配前菜海鮮，但再濃郁的白酒都沒法配牛肉、羊肉（但濃白酒可配雞）；有了一瓶酒，兩、三人好好度過風雨交加的颱風夜，也挺幸福的。

老紅酒和
女兒紅

Wine as female

值得擺放的老紅酒先天的酒體一定很優質，就像長得不美的少女老
了也不會變成風韻徐娘，紅葡萄酒的酒體一定要夠醇厚，才經得起
收藏……

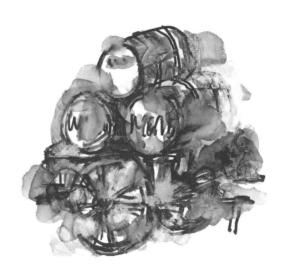

年輕的朋友來電告知，有名的酒窖正打三折出清庫存的老紅酒，我提醒他別貪便宜買到了壞酒，年輕朋友卻不解地問道二三十年的紅酒不是正值錢嗎？為什麼會壞？

很多初入葡萄酒場的人，屢屢看拍賣場上賣出陳年的紅酒創新價格，就以為老酒一定是好酒，其實不然，老紅酒是否有價值的學問可大了，首先，值得擺放的老紅酒先天的酒體（Body）一定很優質，就像長得不美的少女老了也不會變成風韻徐娘，紅葡萄酒的酒體一定要夠醇厚，才經得起收藏，再來庫存的條件也要佳，溫度、濕度要注意，不能曬陽光、燈光，也不可隨意搖動移動；總之，跟資深美女要好好保養的道理一樣，老酒收藏和熟女保養都要小心翼翼。

但老紅酒收藏不管多謹慎，都要面對不可抗拒之時光因素，除了極少數的例子，大部分老紅酒的賞味期限都只有二十多年，甚至在不是最優良的保存狀態下，品嚐老紅酒的時機以十五、六年至十七、八年中最適當。

這也是為什麼歐洲餐廳會有試酒的儀式，當客人選了一支老紅酒，酒侍開了酒後會先在主人的酒杯中倒一些些酒，主人小嚐一口，不是在試好不好喝，不好喝是不能退瓶的，但如果試出酒壞了，卻絕對可以退酒的，即使開的是一瓶幾百元或上千元歐幣的昂貴紅酒。

如今有的餐廳，連賣年份只有兩、三年的紅酒，也煞有介事地試酒，其實新酒壞掉的可能性不高，但試酒的儀式已經成為點酒的尊貴服務的一部分了。

品嚐老酒，歐洲人對於賞味年份的說法不如中國人那麼奇妙，中國人喝老黃酒，最講究的年份之說就是女兒紅，所謂在女兒出生後在地窖裡埋下幾罈酒，等女兒出嫁時再拿出來當喜酒喝，這個動人的故事，以前說和聽的人都藉著喝到好酒來強調父女的親情和女兒出嫁的喜悅。

其實，這個故事真正說的是酒的保存年份，在農業社會封建的年代，女兒出嫁的年齡從十五、六歲至十七、八歲正好，女兒嫁得其時酒

也好喝，但如果女兒到了二、三十幾歲還嫁不掉，庫藏的酒就有可能太老了、敗壞了而不能喝了，就好像女兒二、三十還嫁不掉就不好嫁或一輩子嫁不掉了，而收藏在地窖中的老黃酒也早過了賞味期限。

　　原來女兒紅說的是老紅酒、老黃酒的賞味年份，但如今世界上的女兒那有十幾二十初就嫁人的，老爸恐怕還都捨不得，女兒紅的比喻必須放回封建的年代才見真義，現在的女人到三十一枝花時，正像熟成的雪莉葡萄酒般深邃醇美，就算到了四、五十歲，別怕，我們還可像半世紀的陳年威士忌般強勁夠味！

中式傳統年菜
配葡萄酒

一方風土食物滋味配一方酒，所謂「地酒配地食」的說法是狹隘的。
用法國阿爾薩斯酒配阿爾薩斯菜容易，但如何用阿爾薩斯酒配中國
菜？關鍵之處在於掌握菜餚的五味。

農曆春節，年菜總以中菜為主，但配酒卻不限於中式酒，不少人都想用葡萄酒來搭配，但如何正確搭配？這成了許多人近來愛問的問題。要知道，中國菜可不止八大菜系，各地都有各地的年菜，現代人雖然平常吃飯可以大江南北各種風味都吃，但到了過年的時候，一定會回歸到自家家傳年菜的傳統風格，所以為年菜配酒可不是簡單之事。

光是我，從小到大因家人、親友而吃到的年菜就有很多的菜式。我父親是蘇北南通人，來台灣幾十年了，每年過年做的都還是家鄉菜，有什錦如意菜、放蛋餃和肉丸雜燴的全家福、白菜獅子頭、蓮藕盒、大蒜燒黃魚、炸韭黃蝦肉春捲等等；我母親本家從閩南泉州移居至台灣古都台南，外婆做年菜的路數是台南府城的泉州老菜風格，每年年初二都是母親回娘家的日子，我們跟著的小輩也年年會吃到烏魚子、薑燒雞、煎豬肝、麻油腰花、五柳魚，還有最讓我期待的放了香菇、木耳、蝦米、金針、扁魚、白菜、肉羹、蝦仁、蛋花等十幾種材料的魯麵。

嫁給我先生後，由於他父母都來自江西，他家的家傳年菜最有特色的是粉蒸肉、粉蒸魚、粉蒸菜和三杯雞。而從小帶我們長大的管家陶媽媽又是廣東汕頭人，她家的年菜一定有沙茶爐、魚麵、泥鰍鑽豆腐等等；媽媽的老同事是四川成都人，上她家吃的年菜就會有辣燒鯰魚、樟茶鴨、夫妻肺片。爸爸的好友是東北人，他家的年菜一定是酸白菜白肉鍋加上包各種餡的餃子。

要為這麼多各式各樣的家傳年菜配酒，真會考倒許多葡萄酒專家。

多年來我一直在個人品酒的經驗中摸索著為中菜配葡萄酒的各類心得，逐漸累積出了一些方向。我認為中國人說的一方水土養一方人，從而延伸成一方風土食物滋味配一方酒，所謂「地酒配地食」的說法是狹隘的。用法國阿爾薩斯（Alsace）酒配阿爾薩斯菜容易，但如何用阿爾薩斯酒配中國菜？關鍵之處在於掌握菜餚的五味。如阿爾薩斯菜中的酸高麗菜和醃豬肉，其實和中國東北的酸白菜白肉鍋風味是比較接近的，所以用阿爾薩斯白葡萄酒搭準沒錯！

至於北方的醬肉、燻雞等，頗近似米蘭的各式燻製肉品，可搭配義大利皮埃蒙特酒；而江浙一帶口味細緻的肉餡、河魚及各種鮮蔬，搭配上口味同樣細膩、也被稱為法國魚米之鄉的隆河（Rhône）流域的白葡萄酒就很不錯；這裡說的江浙菜風格，是以揚州、杭州、蘇州為主的較清淡的菜系，如果是搭配濃油赤醬風格的上海菜，是不是你會想到口味同樣偏濃而且有臭味及內臟傳統的里昂菜？因此配果香濃郁、單寧單薄的薄酒萊酒總相宜；若是遇上以生魚貝醃漬的寧波菜，義大利西西里島也有醃生海鮮的傳統，不妨就一試西西里島的酒。

　　葡萄酒現在是世界性的學問，雖然中國人喝葡萄酒如今也已成趨勢，但怎麼喝、怎麼配菜卻常還是受國外葡萄酒行銷時的引導，西方人的滋味心得仍然是主流。

　　我就曾聽過用五大酒莊名酒配四川麻辣鍋的故事，真為那些名酒叫屈啊！也為這群花大錢喝貴酒的冤大頭不值。事實上從菜餚的五味出發，完全可以找到適合搭配中國菜的葡萄酒。

葡萄酒配
東方菜

Orient Food & Wine

吃東方菜是不必非搭紅白酒的,但有時請西方人吃飯,人家若是喝不慣咱們的花雕配東坡肉,有時還是得想想請吃中菜時該如何配紅白酒這回事。

最近參加了東京米其林三星餐廳「神田」的主廚神田裕行的晚宴，為了搭配主廚精心料理的菜色，如魚翅鮮蝦真丈湯、極上大間鮪魚壽司、酥炸秋蟹、烤鱈魚白子等等，主廚準備了東方西方兩套不同的酒單來配菜，西式的葡萄酒先後有 Krug Grande Brut Cuvée N.V. 香檳、Joseph Drouhin- Chassagne Montrachet Morgeot Marquis de Laguiche 2007 的白酒、Château La fleur-Pétrus 2004 的紅酒、Louis Jadot- puligny Montrachet ler Cru Les Folatières 2004 的紅酒，東式則選了日本勝駒的純米酒、八海山特別純米原酒、龍大吟釀。

本來賓客只能選一套酒，但因我們那桌主人和主廚有特別的交情，讓我們特別優待可以試兩款酒，因為賓客中有超級酒客，是喝酒、試酒、藏酒的大戶。

而東方食物如何搭配葡萄酒一直是困擾許多酒友的基本問題，當天的賓客中有人根本不愛喝日本酒，但熱愛紅白酒的他卻也只好承認像大間鮪魚壽司還是和米酒較合，有些腥味（雖然是香味的腥）的鱈魚白子配紅酒也怪怪的，烤秋蟹搭白酒也還好，最後大夥一致肯定的倒是配魚翅鮮蝦真丈湯的香檳還不錯。

這又回到原點了，誰不知道香檳最好配亞洲菜，不管是泰國菜、越南菜、中國菜、日本菜都可以用香檳搭，但韓國菜倒真不好搭香檳，尤其是像辣白菜，川菜的麻辣搭香檳也不成，香檳的氣泡遇到辣會變成苦味。但香檳不宜多喝，一頓飯下來一直喝香檳很不對勁，不僅易醉，對食物消化也不好，而且香檳也帶不出紅燒菜、燉菜的醇味。

當然吃東方菜是不必非搭紅白酒的，但有時請西方人吃飯，人家若是喝不慣咱們的花雕配東坡肉，有時還是得想想請吃中菜時該如何配紅白酒這回事。

我一向不認為自己是葡萄酒專家，但喝葡萄酒也喝了快三十年，總累積出一些心得，這回和大家分享一下囉！

葡萄酒配中菜，首先要知道的第一法則就是不少人都知道法國料理

中的沙拉是最難搭配，因為酸和紅白酒都不合，只能用香檳配，但我們別忘了德國料理中不可缺少的酸高麗菜，因此德國人的白酒一定不會忽略這件事，所以在我的經驗中搭配帶酸味的東方料理，德國莫塞爾河（Mosel）的麗絲琳就比較合，德國白酒比較甜，可以中和酸味，但法國的酒，尤其和口味甘冽的布根地夏布利（Chabli）白酒就很不搭。

醬油紅燒肉和任何單寧酸太強的紅酒都不合，因此別糟蹋頂級的波爾多紅酒，但和薄酒萊新酒的果香與圓潤口感卻很對味，那麼幹嘛非貴酒不喝呢？有些酒友把喝酒當成穿精品服飾，但人也不是天天盛裝過日子，生活要舒服就要輕衣簡穿，喝酒也是，好喝對味最要緊。

尤其吃中菜，可別老是五大酒莊掛在嘴上，五大酒莊還是留著去配適合的菜餚吧！

有段時間，很容易在台北街頭遇到良露；有時是大稻埕閑晃，有時是南區咖啡店，更多時候，是友人的飯局邀約。記憶裡，只要碰上良露，那頓飯總是吃的特別開心：從圓山大飯店裡的婚宴酒席，到銀翼淮揚菜／都一處北平館子／秀蘭江浙小館，每道菜她都說得出名堂，說的人食欲全開，運箸如飛地挾完一道道菜。

算是韓良露的新朋友，這個世紀彼此才認得。那時，良露結束了五年的倫敦生活，自己也在法國花完十年工作積蓄乖乖返台。兩個從海外歸來的人，總有些話可聊；談的最多的，是自行車與葡萄酒。

遇見她時，自己是個專心騎單車的人，到哪兒都要騎車：逛書店、看電影、吃飯、喝酒。

我說著騎南橫／阿里山的經驗；她說著她兒時是單車高手，可以從北投山上，放雙手一路從山上滑下。

自己說著在法國香檳區／普羅旺斯的單車尋酒之路；她說著在台南讀高中時，四處騎車遊蕩。

她見到我的第一句話，常是「你的單車呢？最近又去那裡騎車？」

我也常反問「你又去那裡旅行？京都！很適合騎車喔！」

我們，算是一直沒騎過車的車友。

有段時間，很容易在台北街頭遇到良露；有時是大稻程閑晃，有時是南區咖啡店，更多時候，是友人的飯局邀約。記憶裡，只要碰上良露，那頓飯總是吃的特別開心：從圓山大飯店裡的婚宴酒席，到銀翼淮揚菜／都一處北平館子／秀蘭江浙小館，每道菜她都說得出名堂，說的人食欲全開，運箸如飛地挾完一道道菜。

不知是那回聊到法國葡萄酒，彼此都聊出了酒興；除了知名的波爾多／布根地外，我們都喜歡平價怡人的西南酒區：卡歐（Cahors）／加亞克（Gaillac）：良露覺得卡歐拿來搭法式油封鴨（Confit de canard）／川菜香酥鴨都迷人；自己則喜歡法國印象派畫家羅特列克（Lautrec）家

鄉的加亞克小酒區。從此開始了我們的酒友之旅。

　　良露性格有著俠女風範，時而神龍見首不見尾，時而出現充滿驚奇。

　　「阿和，我在你們公司樓下的瑞華餐廳吃中飯，你下來我們喝杯白酒！」這是夏日午間會突然接到的電話；這家老派瑞士／德國料理，是她從年輕時便常走訪的食堂。

　　「你這周六有沒有空？我們一群人要下高雄去吃家法國餐廳。」那是她為雜誌撰寫美食評論的行程。開始被她列入食客／酒友名單，日常餐酒到列級莊園好酒，都有機會一嘗。

　　而自己能回饋的，只能是單車訪酒之旅。
　　「香檳區其實挺好騎乘，坡度平緩……下午在香檳區鄉間的咖啡店休息，開瓶當地香檳跟幾個車友分享，鄉間綠意／杯中上昇的氣泡／入口的清爽，會讓那夏天艷陽下的騎乘值回票價。」

　　那是前些年，自己給自己的不惑之禮：環法騎乘（Tour de France）。當然，不是跟著環法賽車隊奔馳，是逆向騎乘，與選手們在普羅旺斯的置高點：梵杜山（Mont Ventoux）相會。但老實說，在法國騎車，基本上，就是一個個的酒區的穿越走訪：香檳區／布根地／薄酒萊／隆河谷地／普羅旺斯……
　　「薄酒萊酒區，原本沒抱什麼太大期望。但這山路蜿蜒，在雲霧時而籠罩的丘陵間上下，有點像在台灣苗栗山區裡騎乘的驚艷……印象最

深刻的村莊是聖愛慕（Saint Amour），這個神聖愛情小鎮，費了大半天爬坡，路上充滿了各種想像……最後到達時，那村落竟然是一片沉寂荒蕪……原來，人生真是如此。」

看著良露這一篇篇的酒區走訪，她那大嗓門與笑聲就在耳邊響起；這還真不是普通的好酒之徒哪！怎麼會走過這麼多的酒莊。

決定了，要往下一個酒區騎乘走訪，這個秋天，就去義大利吧！

首選該是在艷陽下踩過托斯卡納（Toscana），用奇揚第（Chianti）解渴，並騎向席恩那（Siena），去試試你所說的地酒配地食：用無鹽麵包／野豬肉香腸／燉豆子，搭配一瓶布魯內諾（Brunello）。

或是到義大利西北部皮埃蒙特（Piedmont），走訪 Slow Food 家鄉杜林（Torino），偶而奢侈地嘗嘗白松露牛排，搭上瓶巴羅洛（Barolo）紅酒。

良露，Cheers！

會帶上這本酒書，尋酒之路上好好吃喝，謝謝推薦。

小
飲，

Slow Wine

良
露

Slow Wine